愛上台式早餐

台灣控的美味早餐店特輯 × 日本人重現經典早餐食譜

超喜歡台灣 編輯部 著　黃筱涵 譯

3

前言

　　我平常沒有吃早餐的習慣，但是每次一到台灣，就會忍不住想吃早餐。我往往會在前一晚躺在床上時，因為太期待隔天的美食，不由自主拿起手機一直查美食的資訊到深夜，導致隔天睡眠不足。

　　飯類、粥類、麵類、三明治、餅類、豆漿各式各樣的選擇，台灣的早餐豐富性可不是蓋的。一大早就活力十足的早餐店，那種熱鬧程度也不是蓋的。我曾經在凌晨五點半時，踏進總是高朋滿座的傳統早餐店，原本以為這麼早一定沒有客人，可以悠閒享用早餐了，結果發現有人比我還早一步，令我震驚無比！那一瞬間我深刻感受到台灣人對早餐的熱愛。

　　早餐店裡有著台灣特有的早餐文化，對當地人來說，外出享用早餐、買早餐回家都是極其自然的事情。正因如此，台灣的早餐選擇才會如此豐富，又如此美味。

　　不管是一杯豆漿，還是一碗粥，都是店主們滿懷著誠摯的心意，從黎明前就揮汗製作出的好滋味。一邊吃著早餐，一邊感受著店裡人聲鼎沸的氣氛，可以說是最過癮的美味體驗。

　　但是在台灣吃早餐時愈幸福，回日本後就愈容易出現「好想吃早餐啊」的戒斷症狀。好想趕快再去台灣玩，但是一時之間又去不了—這種情況常常令我煩躁不已。我真的愛上了台灣的早餐，並且深深迷戀。

　　「真想在日本嚐到類似的滋味，即使只是相似也無妨」，本書就是因為這些迷戀台灣早餐的心意集結而成的作品。就算沒辦法百分百完美重現，只要本書介紹的食譜，能夠幫助各位回想起台灣早餐店的熱鬧、聲響與氛圍，再度回味讓身心放鬆休息的台灣之旅，我們將深感榮幸。

目錄

＊本書食譜均以現場取材的內容為基礎，再由編輯部製作而成，調味料份量等可依個人口味調整。

超美味的台灣早餐店親自傳授，
在家也能製作的招牌早餐食譜！

這本書裡收錄的是台北當地人讚不絕口的早餐店，
每間店都堅守著自我信念，並且都訴說著不同的故事，
一路走到現在，為大家提供公認具有深度的美味早餐。

在與這些店家美味的早餐邂逅的過程中，到底蘊藏著什麼祕密呢？
有些店主會親切認真地為我們解說，有些店主則大方展現不藏私烹調過程，
另外有些店主不多話，只表示「一切都是憑經驗」。
儘管如此，我們還是從店主告知的食材、建議與成品試驗推測出作法。

本書介紹的食譜，都是綜合了在當地所見、所聞、所吃，
由超喜歡台灣編輯部秉持著「想在日本的家裡重現製作」的心意試做、研究出來的成果。

相較於追求高品質，我們更重視如何簡單重現的製作方式。
我們追求在最短距離內回味台灣早餐店特有的氛圍，
並盡量不摻雜編輯部本身的個人觀念，盡可能尊重還原在店內見識到的調理方式。

清粥小菜

台北人的必吃早餐

P11 右邊是老闆娘林美莉女士，左邊是女兒詹喻婷小姐。打扮可愛的老闆娘與打扮簡約的女兒雖然穿著風格不同，卻穿著同款的圍裙，洋溢著暖暖的母女之愛啊！

Info

🏠 台北市大同區南京西路233巷20號
📞 無
🕕 06:00〜14:00（每週日公休）
🅼🅰🅿 P185 B

晴朗的九月天，暑意逼人的早晨六點，聚集著老建築的台北乾貨街—迪化街一角，佇立著這間已坐滿爺奶輩客人的早餐店。這是間只有早晨營業的老字號清粥店，擺在戶外的大型不鏽鋼備餐檯上，擺滿了陸續做好的料理，旁邊的大鍋子裡，正咕嚕咕嚕地煮著味道清雅的清粥。這期間常客仍不斷上門，有些人甚至自己添起了飯，彷彿身處自家廚房一樣。這種自由放鬆的景象，讓人不禁鬆懈了心情。

七點半左右架上已經擺好約20種的現做小菜，這裡的小菜以蒸煮類的料理居多，每一道都是看起來很健康的少油料裡，與白粥的簡單滋味相得益彰。回過神來發現上門的客人又更多了，或許都是招準上菜時間才來的。很多人都是點一碗粥與兩三道菜，看到一早就大口用餐的老先生與老太太們，就覺得自己也充滿了能量。過沒多久，連準備去公司的上班族也出現了。人潮洶湧的時候，店家似乎會為常客保留位

Ａ Ｂ 老闆娘用心做出的小菜，每道都美味得令人一口接著一口。
Ｃ 自己添飯的常客老爺爺，真是太隨興了。
Ｄ 炒得很清爽的「吻仔魚」，配起粥來超美味。
P13（上） 用白米、糯米與水煮成的純樸白粥，剛煮好的白粥會豪邁地倒入店頭鍋裡！
P13（下） 店頭擺滿小菜，告訴店員想吃哪一樣，店員就會幫忙夾取。

● 清粥小菜

置，並先擺好「老樣子」的菜色。這裡所有料理都是由老闆娘林美莉女士親手製作，難怪在店內完全見不到她的身影，畢竟她可是在廚房埋頭奮鬥著。這麼說來，台灣優質店家的老闆總是工作得比誰都認真呢！肯定是這份熱情成就了料理的好滋味吧？

　　老闆娘是在1984年開設這家店，她有一位與這間店同年的女兒，以前似乎都是背著年幼的女兒在店裡忙進忙出。老闆娘的女兒詹喻婷小姐現在已經長大成

人，並下定決心要繼承母親的心血，她積極地協助店裡的工作，與熟練的阿姨店員一起俐落地打理店內的一切。談到女兒時的老闆娘表情都亮了起來，表現出滿心的喜悅。在這個充斥著新事物的世代，女兒決定繼承傳統的心意，肯定讓老闆娘很感動。這是間充滿人情味的早餐店，滋味長年不變的質樸清粥與小菜令人每天都想吃上一次，真希望我家附近也有這樣的早餐店啊！

清粥

材料（5～6人份）
白米 — 1合
糯米 — 0.5合
水 — 適量

小撇步

正統的白粥要用鍋子煮，但是在家裡用電子鍋也沒問題。

作法
①用清水將白米與糯米洗乾淨，倒入電子鍋中。
②依想煮的粥量倒入偏多的水後按下開關。
③完成後拌勻，覺得太乾時再倒一點熱開水即可。

使用鍋子的煮法
①起一鍋滾水，一邊清洗白米與糯米。
②熱水沸騰後倒入洗好的米。
③煮到米變得柔軟為止，建議煮15分鐘左右，覺得湯太少時再邊倒水補足即可。

Tips 要從生米開始煮，台式的作法是不加鹽巴等任何調味料，又稱為「稀飯」。

● 清粥小菜

香炒吻仔魚

材料（4～5人份）
吻仔魚 — 1包（130～140g）
薑 — 約20g
蔥 — 半支
砂糖 — 少許
沙拉油 — 少許
麻油 — 少許

作法
①切好薑絲與蔥花。
②將沙拉油倒入預熱過的平底鍋，接著倒入薑絲炒香。
③倒入吻仔魚與蔥花炒熟後，倒入少許的砂糖。
④用木匙拌炒以避免燒焦，並以小火炒至食材的水分收乾的狀態。
⑤最後淋上少許麻油拌勻後即完成。

Tips 吻仔魚本身就很夠味，不需要另外調味！這種白粥的配菜，也很適合當成飯糰的餡料。

提到台灣傳統社會必吃的早餐，
非白粥莫屬了。
雖然現在受歡迎的程度
有被餅類與麵包類早餐超越的趨勢，
但還是擁有根深蒂固的人氣。
適合的配菜也相當豐富，
吃上一頓讓人一早就精神滿滿！

肉與醬菜交織出的甜鹹滋味，
令人印象深刻！
直接吃也很美味，
澆在白粥上的話更是美味倍增！
我喜歡的吃法是連湯汁
一起淋在白粥上。

瓜仔肉

材料（3～4人份）
醬瓜 — 約65g
豬絞肉 — 約230g
醬油 — 1～2大匙
砂糖 — 1大匙
水 — 約200～250ml

作法
①用水清洗醬瓜後，切成5mm左右後與豬絞肉拌在一起。
②將水、砂糖、醬油倒入鍋中煮沸。
③將①倒入鍋中後持續拌炒以避免燒焦，燉煮約15分鐘即可。

「瓜仔」指的就是醬瓜，每家店、每個家庭、每個廠商推出的商品滋味都不同。本書用的是以香瓜與黑豆製成的台灣家庭自製瓜仔。

╲ 小撇步 ╱

使用醃漬小黃瓜製作時，搭配一些豆豉能夠增加味道的層次，吃起來更像瓜仔！

用豆腐皮炸成的「豆皮」，是台灣料理中常見的食材。
將豆皮煮軟後再搭配溫和的調味方式，
不管是滋味還是口感都很適合配粥。

燉煮豆皮

材料（2人份）

炸豆皮 ― 約70～80g	砂糖 ― 1小匙
紅蘿蔔 ― 約30g	醬油 ― 1小匙
芹菜 ― 2支	沙拉油 ― 少許
鹽 ― 少許	水 ― 適量

> **小撇步**
> 沒有炸豆皮時，也可以直接使用日式的乾燥豆皮，但是沙拉油就必須多加一點。

作法

①將胡蘿蔔切絲，芹菜的葉子摘除後將莖部切末。

②將胡蘿蔔絲、炸豆皮倒入鍋中，再倒水淹過食材後，以小火燉煮15～20分鐘直到炸豆皮變軟。途中水份蒸發的話可以再加。

③炸豆皮變軟後，就用筷子撕成適合一口吃的大小。

④倒入醬油、砂糖與芹菜。

⑤倒入沙拉油與鹽即完成。

Tips 可以直接購買台灣超市與市場都有賣的「豆皮」。

屏東任家涼麵

一大早就充滿蒜味的能量麵！

P19 左邊是老闆任國全先生，右邊是兒子任中豪先生。任老闆的穿搭風格走的是溫柔的瀟灑風，兒子則散發出強烈的現代感，兩個人都能和店裡的招牌搭配出舒服的氛圍。

\ Info /

🏠 台北市松山區富錦街535號1樓
📞（02）2749-4326
🕐 07:00～14:00
（每週日公休）
MAP P185 E

　　台北松山機場附近，散布著許多緊跟時尚潮流的商店與咖啡廳，稍微深入附近的富錦街，就能夠看見「屏東任家涼麵」，黃底紅字的巨大招牌非常醒目，踏入墊高的門口、推開玻璃門後，映入眼簾的是許多默默吃著涼麵的老先生。光是看見他們吃麵的模樣，就令人更加期待涼麵的美味。

　　這間店賣的是類似日式中華涼麵的乾式涼麵，在緊鄰座位的廚房裡，煮好的大量麵條冷卻後再淋上大豆油，接著將麵裝盤、擺上少許小黃瓜和豆芽菜、淋上芝麻醬、醬油、醋、砂糖、自製辣油與蒜泥！大量且口味強烈的蒜泥與酸酸甜甜的調味料契合的程度令人驚訝，自製辣油也辣得超乎想像。味噌湯好像是這盤涼麵的最佳拍檔，放眼望去確實很多人都點了味噌湯。我試喝味噌湯後嚇了一跳，這碗湯是甜的！一問之下才發現店家竟然加了砂糖。「咦？」我滿腹疑問地反覆嚐著麵、湯、麵、湯，發現這不可思議的組合果然令人上癮。在

A 涼麵的好搭檔──甜味噌湯。
B 店裡販售自製辣油，用湯匙舀起時會呈現紅寶石般的清澈鮮紅色。
C 戶外座位曬得到暖洋洋的日光。
P21（上） 調味很濃厚，吃起來卻很清爽，就連食慾不振的夏日都能大口狂吃。
P21（下） 從外頭望向廚房，可以看見裡面的任老闆一直忙著煮麵。

● 屏東任家涼麵

昏昏欲睡的早晨時品嚐這道涼麵，麵的辣味與美味會讓人從味蕾的刺激中慢慢甦醒。

涼麵的滋味如此強烈，老闆任國全先生本人卻散發出完全相反的溫柔氣質。任老闆出生在台灣南部的屏東，家族源自於中國的四川，小時候母親就在屏東開了涼麵店。後來任先生來台北唸大學後，便在此開店至今23年。四川可以說是「辣」味料理的大本營，由任老闆自製的辣油品質果然不容小覷。他將辣椒與山椒放在冷箱裡冷藏

數個月後所特製的辣油，具有驚人的辣度。很愛吃辣的我告訴老闆自己有多喜歡這個辣油時，老闆立刻拿出店裡在賣的辣油，親自用膠帶纏了好幾圈送給我當伴手禮：「這樣就不怕在飛機裡漏出來了，你帶回去吧！」

原本擔任攝影師工作的兒子，現在也日日在店裡幫忙，展開繼承這家店的準備工作。看著兩人在招牌前的合照，想著這家麵店日後仍持續供應美味的料理，我便感到歡欣不已。

台灣老先生們用來補充能量的涼麵，味道嗆人的蒜泥與辣油，
強勁得讓人徹底清醒，同時又能嚐到醋的清爽。

小撇步

涮涮鍋用的市售芝麻醬也很適合製作這道涼麵，蒜泥則請斟酌用量。

● 屏東任家涼麵

涼麵

材料（1人份）

油麵 — 1人份

小黃瓜 — 約5cm

豆芽菜 — 依個人喜好

蒜頭（可以買市售的蒜泥）— 1小匙

芝麻醬 — 1大匙

沙拉油 — 1小匙

辣油 — 依個人喜好

A ———

醬油 — 2小匙

醋 — 1.5小匙

砂糖（用1小匙熱水溶開）

— 1小匙

作法

①起一鍋滾水，放入麵條，煮的程度請依包裝指示。同時舀起少
　許煮麵水溶開砂糖。

②用水冷卻麵條後，拌入沙拉油。

③趁麵條冷卻的期間快速汆燙豆芽菜，並將小黃瓜切絲。另外將
　A的調味料拌勻。

④將冷卻的麵條盛盤後，擺上小黃瓜絲與豆芽菜。

⑤淋上蒜泥、③的調味料與芝麻醬後就大功告成，另外可依個人
　喜好添加辣油食用。

新鮮豆漿店

凌晨三點半開始用心煮的純粹豆漿

P25 老闆娘周津妃女士（左）與女兒林宛均小姐（右），擺出的姿勢就像感情很好的姊妹，可以說是活力可愛的組合，粉紅色的穿搭可沒有事先約好喔！

Info

🏠 台北市大安區潮州街35號1樓
📞（02）2392-1915
🕐 05:30〜12:30（農曆春節5天公休）
MAP P185 G

創業於1955年，原本的店面長年都在台北的中正紀念堂附近，現在則搬到捷運古亭站與時髦且吸引很多觀光客的永康街之間一帶。這裡是地段方便的閑靜住宅區，早上經過時總會看見客人在等著買早餐，他們的目標就是如店名所述的新鮮豆漿。

這裡的豆漿從凌晨三點半開始製作，店家仔細處理好黃豆後就會開始熬煮、過濾，花時間熬煮出沒有雜質的絲滑豆漿。自創業時期就堅守至今的滋味，新鮮的滋味讓人每天早上的心情都能煥然一新。不管是加糖的甜豆漿，還是搭配蝦米、醬油的鹹豆漿都很美味。享用著豆漿的同時，我也感到後悔，以前都不知道這間店如此美味，總是白白經過而已。

除了豆漿以外，這間店還供應齊全的早餐選項，例如：介於印度的饢與麵包口感的台式麵餅「燒餅」，薄脆的餅皮上撒了大量芝麻，擁有酥脆口感並且香氣逼人。一般早餐店的燒餅都會再夾煎蛋，但是這裡還多了蔬菜與

早上 5:30
〜
中午 12:30
週一至週日
皆有營業
0937-46-3456

三代老店
創立於1955年

新鮮豆漿店

廣東汕頭

（原杭州南路愛國東路口）

蔥油餅

飯糰

25

A 夾有大量蔬菜的蔬果燒餅。使用的蔬菜都是有機的。
B 饅頭夾蛋的煎蛋以青蔥和鹽胡椒調味。
C 飯糰也是從創業時期開始就很受歡迎的菜單。
D 在鐵板上一個接一個做出料理的美好畫面。
P27（上）招牌菜單的鹹豆漿，用碗裝得滿滿的，果然是台式風格啊！
P27（下）在店頭的作業台，正在熟練地製作油條的女兒的手部動作。

水果的選項。我興致勃勃地點餐之後，端上桌的是夾滿萵苣的燒餅，清爽的萵苣與酥脆的燒餅交織出美妙的口感，其中還夾雜了蘋果與葡萄乾的甘甜。這份燒餅沒有另外調味，能夠嚐到蔬果最原始的好滋味，這樣的搭配也相當新奇。特別是到台灣旅行時吃到蔬菜的機會不多，這時能夠嚐到蔬果燒餅就特別開心。其它餅類也都是店家手工製作，每一種都相當美味。

老闆娘周津妃女士一邊馬不停蹄地準備料理，一邊熱情地回應我們的採訪。原來老闆娘是第二代店主林立培先生的妻子，女兒林宛均小姐與男店員也在店裡忙進忙出。而第一代店主原本是中國廣東省潮州人，來台灣後才開始經營早餐店，代代相傳至今，老闆娘的女兒正是第三代店主。女兒揉麵糰的手法相當熟練，當著我們的面轉眼間就做出許多油條，她俐落的動作令我們看得如癡如醉，同時從同鐵板飄來陣陣的胡椒香氣，也不禁令人讚嘆：「這樣的早晨真棒」。

燒餅是一種融合麵包與饢口感的餅類，
台灣常見的早餐選項。
一般吃法都是直接吃或夾蛋吃，
改夾蔬果的話則別有一番清爽的風味。

燒餅夾蔬果

材料（1人份）
＊燒餅的材料與作法請參照P154。

萵苣 — 1～2片
蘋果（切片） — 2片
蕃茄（切片） — 2片
葡萄乾 — 依個人喜好
美乃滋 — 依個人喜好

╲ 小撇步 ╱

蘋果的爽脆口感
與甘甜，是這道
料理的味覺重
點，添加美乃滋
的話就更棒了。

作法
①製作燒餅（參照P154）。
②烤燒餅的期間，用清水將食材都洗乾淨。蘋果與蕃茄均切成
　1/4，再切成薄片。
③打開完成的燒餅後，夾入②的食材。
④依個人喜好在食材淋上美乃滋，再撒上葡萄乾後就大功告成。

Tips　・充分瀝乾蔬菜的水分。
　　　・店裡完全沒使用美乃滋等調味料，可以根據個人口味的喜好自行
　　　　發揮。

光是吃鬆軟的饅頭就堪稱幸福的滋味，夾入煎蛋則是台灣特有的吃法。
饅頭加蛋與豆漿是神組合，吃到這個組合的早晨堪稱完美。

饅頭夾蛋

材料（1人份）

＊饅頭的材料與作法請參照P160。

雞蛋 — 1顆
青蔥 — 少許
沙拉油 — 少許
鹽、胡椒 — 依個人喜好
醬油膏 — 依個人喜好

小撇步

用蕃茄醬代替醬油膏就會變成偏西式的口味，一樣好吃！

作法

①製作饅頭（參照P160）。
②蒸好饅頭後，開始打蛋（加入青蔥與鹽），接著將沙拉油倒入預熱的平底鍋內，再倒入蛋液煎好後，撒上胡椒粉。
③切開饅頭後夾入②的蔥蛋，並依個人喜好的口味淋上醬油膏。

Tips 沒有醬油膏的話也可以自己製作（參照P167）。

這是基本款的鹹豆漿，材料都很簡單好準備。老闆娘表示：「放進去的順序很重要！」只要遵守老闆娘指導的順序，一下子就能夠完成美味的鹹豆漿。

鹹豆漿

材料（1人份、1碗份）

豆漿 — 180～200ml

櫻花蝦 — 依個人喜好

榨菜 — 滿滿1小匙的1/2

切好的油條（作法請參照P152） — 3～4塊

青蔥（蔥花） — 依個人喜好

醬油 — 1小匙　　　麻油 — 少許

醋 — 1～1.5小匙　　辣油 — 依個人喜好

> ╲ 小撇步 ╱
>
> 台灣的鹹豆漿多半使用大碗公盛裝，在自家享用時用一般飯碗就很有飽足感了。

作法

①切碎榨菜後，將油條切成2cm寬。

②以小火加熱豆漿，過程中避免豆漿溢出。

③加熱豆漿的同時，將其它食材放進碗中。放入順序為櫻花蝦、榨菜、蔥花、油條、醬油、醋、麻油。

④豆漿的溫度夠熱後就倒入③的碗內，再依個人喜好的口味淋上辣油。

(Tips) 替代食材與其它搭配吃法請參照P136。

烤司院

每天都能夠嚐到中秋節的滋味

P33 正中央是老闆王拉拉，其他員工都是聘雇來的，從他們的合作無間可以看出大家感情都很好。同款式的圍裙也很棒！

Info

🏠 台北市中山區天
津街16號
📞（02）2563-8360
🕐 07:00～13:00
（每週日公休）
MAP P185 B

　　氣氛莊嚴的台北車站東北側，有條路上座落著一間三明治店，每逢中午就吸引許多年輕女性造訪，那就是「烤司院」。招牌上巨大的金字極富視覺衝擊效果，內部的空間設計則為仿白磚的牆壁，還有巨大的熊玩偶可以陪伴單獨入座的客人，展現出洋溢少女氣息的經營理念。我在十一點半時到達店裡，離午餐還有一段時間，但是店裡卻已經客滿，似乎從一早就高朋滿座。仔細觀察會發現以女性為主的客群中，也可以看見阿姨或是

男性顧客的身影，每個人都專心吃著厚實飽滿的三明治。

　　台灣有個傳統節日叫做「中秋節」，中秋節是每年農曆的8月15日，是全家團圓的大日子，適逢連假時許多人都會返鄉過節。我曾經在還不知道中秋節的時候，走在台灣西部的斗六街上，發現家家戶戶都在烤肉，覺得很不可思議。後來詢問台灣友人才知道，中秋節的傳統習俗是吃月餅與文旦，但是現在更受歡迎的中秋節活動則是烤肉！

A 吐司均使用炭烤的方式調理。
B 雞肉三明治的美味也不容小覷。
C 王拉拉的父親是中式料理主廚,肉類的調味是向父親取經,所以滋味毫不馬虎。
D 很適合配紅茶一起享用。
E 濃醇的手作花生奶不定時限量供應,能夠喝到的人很幸運啊!
P35(上)失控起士肉蛋,濃稠起司與半熟蛋令人垂涎三尺。
P35(下)店內聚集了許多年輕女性,偶爾會有阿姨們與男性客人來外帶。

　　烤司院的老闆王拉拉,最喜歡中秋節烤肉時的烤吐司夾肉片了,總是想著:「可以每天吃就好了。」王拉拉原本在銀行上班,後來因為懷孕離職,便開始思考能夠兼顧育兒的工作,最後她想到了早上營業、中午就打烊的「早餐店」。既然要開店當然就要做自己喜歡的食物,因此她便在2016年的11月,開設了能夠吃到中秋節烤肉三明治的早餐店。

　　烤司院對食材非常講究,使用每天早上5點到市場買的現宰豬肉,以及嘉義直送的有機雞蛋。

偏厚的1.5mm吐司則是特別訂製的,藉著這個厚薄度增加鎖水效果,打造出柔軟的口感。這些吐司都會以炭火烤過,再夾上多得驚人的餡料。以今天吃的「失控起士肉蛋」來說,入味的豬肉、荷包蛋與起司的三重奏,從外觀就可以想像出咬下去的幸福感。

　　這份三明治凝聚了年輕老闆娘的喜好與堅持,同時還可以感受到汲取傳統的台式歡樂氛圍。或許是這些因素,讓人吃完後情緒也隨之高漲。其他年輕女客的活力,也是店裡歡樂氣氛一大關鍵。

失控起士肉蛋

材料（1人份）

吐司（20mm厚）— 2片

豬肉（薑燒用）— 2片

切達起司 — 1片

雞蛋 — 1顆

沙拉油 — 少許

台式美乃滋 — 依個人喜好

A —————

鹽、黑胡椒 — 少許

醬油、蒜頭、黑胡椒（磨過）— 各1/4小匙

酒（料理酒）— 1/2小匙

作法

①將豬肉與A的調味料倒進塑膠袋裡，搓揉之後，放進冰箱冷藏一晚。

②切掉吐司邊後以烤箱烤至出現焦痕，同時將沙拉油倒入預熱過的平底鍋，把①煎熟。

③肉煎好後再煎荷包蛋。

④烤好的兩片吐司均於單面塗抹上台式美乃滋，再依序擺上豬肉、起司、荷包蛋。兩片吐司的美乃滋都要在內側。

(Tips) 豬肉與荷包蛋的餘熱能夠讓起司融化。

花生醬肉蛋

材料（1人份）

花生醬 — 依個人喜好

＊其它材料與上面的「失控起士肉蛋」幾乎相同（僅少了切達起司）。

作法

①參照「失控起士肉蛋」的①～③。

②烤好的兩片吐司，均於單面塗抹上台式美乃滋後，再塗上大量的花生醬。接著依序擺上豬肉與荷包蛋，而兩片吐司的美乃滋與花生醬都要在內側。

╲ 小撇步 ╱

荷包蛋就是要半熟才好吃！蛋黃快流下來的程度是最理想的。

餡料飽滿得宛如要炸裂開，這樣的三明治也是現代台灣人常吃的早餐。雖然店裡的吐司是用炭烤，但是在家裡用烤麵包機簡單烤一下就可以了。搭配香甜的紅茶，更是令人欲罷不能！

何家油飯

充滿愛的療癒地瓜粥

P39 老闆何得鉦與妻子謝美玉在拍照前一刻才擦掉汗水，微笑著站在一起。後方獨具韻味的菜單，則是由何老闆親手製作。

> **Info**
> 🏠 台北市大同區民生西路66巷21號
> 📞（02）2543-4659
> 🕐 07:15～14:30（每週六、日與國定假日公休）
> 🗺 P185 B

去台北觀光時若想逛早市，那就一定要去雙連市場，這個市場座落的地段與氣氛都很不錯，總是熱鬧滾滾。這裡是當地人採買的好去處，一早的活力讓人光是逛逛，心情就跟著活絡起來。穿過雙連市場前的大馬路—民生西路，就可以來到對面的「何家油飯」。這裡是靜謐的住宅區，讓剛才市場裡的喧囂都如夢境一般。

我在早上5點45分踏進店裡，發現老闆何氏夫婦已經開始在忙碌了。店裡深處的廚房裡有兩個大深鍋，以及兩個炒鍋正在火力全開地運作中，周邊則擺滿了處理好的蔬菜，老闆何得鉦與妻子謝美玉俐落地將蔬菜搭配成一道道美味的料理。電風扇根本來不及排出廚房裡的熱氣，專注的老闆夫婦早已汗流浹背，上衣背後都變色了。他們揮灑汗水的背影，令我感動不已，深信這間店的料理肯定很厲害。

忽然間，何老闆告訴我們要開始煮粥了，只見生米在不斷冒泡

清粥小菜
油飯
魯肉飯 粥
瓜仔肉飯
白飯
清粥
赤肉羹
金針湯
小菜 青菜
魯蛋 鹹蛋 魯豆腐
荷包蛋
燙青菜
小 25
大 40
30 10 15 35 35 15
15
瓜仔肉飯套餐 80元
魯肉飯套餐 80元
油飯套餐 80元

A 店面外觀很不起眼，一不小心就錯過了。

B 坐在店內望見的一景，這裡離綠意豐沛的捷運雙連站很近。

C 地瓜粥煮好之後，稍微靜置一段時間，是何老闆的祕技。

P41 地瓜粥、紅蘿蔔炒蛋、滷豆腐、炒時蔬、荷包蛋──每道料理看起來都很健康，連招牌料理油飯都以滋味圓潤的醬油調味，非常適合早晨享用。

●
何家油飯

的深鍋沸水中翻滾著，老闆也趁這段期間開始準備地瓜。他用刨絲刀轉眼削出許多地瓜絲，然後全部倒進還在熬煮著白粥的深鍋裡，光是這樣的畫面就令人食指大動。我看得相當入迷，不知不覺間已經六點半，該準備開店了。

　　何家油飯創業於1965年，最初是何老闆的父親推著攤車在賣，他從很小的時候就開始幫忙。一開始主要賣的是油飯與水煮蛋，開店之後又增加了粥品。十幾年前原本的店鋪因為建築物過於老舊而拆掉，才搬來現在這個地方。我們聊著這些話題時，時間已經過了要開店的七點，許多不同年齡層的客人踏進了何家油飯，有在店裡悠閒享用粥品的阿姨，也有外帶油飯的年輕女性。

　　這間店的料理完全不使用化學調味料，滋味樸素又溫和，價格也已經維持了二十年不變。這間店四處都散發著老闆夫婦的愛，供應的早餐充滿療癒能量，讓人愈忙就愈想抽空來吃。

地瓜的味道不太明顯，會隱約感受到口感的不同與甘甜，
黃色則讓粥品看起來更華麗。像這樣多一道工夫，就讓營養與視覺效果更上一層樓。

● 何家油飯

地瓜粥

材料（5～6人份）

白米 ― 1.5合

地瓜 ― 1/3條

水 ― 適量

╲ 小撇步 ╱

日本地瓜比台
灣地瓜柔軟，
要注意別煮得
太爛了。

作法

①白米清洗乾淨後，用刨絲刀將地瓜削成絲。

②將①放進電子鍋裡，依想煮的粥量倒入偏多的水後按下開關。

③完成後拌勻，覺得太乾時再倒一點熱開水即可。

④靜置一段時間，等米粒膨脹變得柔軟時就大功告成。

使用鍋子的煮法

將白米倒入水中以小火燉煮，幾分鐘後再倒入地瓜絲，等米粒變
得柔軟黏稠時就完成。煮的時候請注意要邊攪拌以避免燒焦，覺
得湯太少時隨時可以倒水補足。

(Tips) 老闆何先生是用刨絲刀削出地瓜絲的，他事前準備了一盆水，削好
的地瓜絲都會直接落在水中，如此一來，地瓜絲就不會黏黏的，更
好調理。拿著地瓜的手則戴著工作手套止滑。

滋味淡雅，口感極佳，與粥品的組合，讓人吃了心情平靜。
製作時可以多做一點，晚上復熱時會更加入味，一樣很好吃。

滷蘿蔔

材料（2～3人份）
白蘿蔔 — 約200g
切好的乾香菇 — 1把
香菜 — 依個人喜好
醬油 — 1小匙
鹽 — 1/2小匙
砂糖 — 1/2小匙
水 — 約450ml

作法
①削掉白蘿蔔的皮後隨意切塊，香菜則切成
　2cm的長度。
②將切好的白蘿蔔、乾香菇絲、水、醬油倒
　進鍋中以大火燉煮。
③沸騰後轉小火，煮至白蘿蔔呈現柔軟的狀
　態。
④白蘿蔔變軟後再加鹽與砂糖。最後加入香
　菜稍微煮一下就大功告成。

小撇步
白蘿蔔切小塊一
點比較快煮軟，
會比較輕鬆。

嚐到的幾乎都是食材本身的滋味，卻如此美味。
這道讓人深刻體認到「原來紅蘿蔔這麼甜」的樸素配菜，
不僅對身心都很棒，連外觀都鮮豔得令人怦然心動。

紅蘿蔔炒蛋

材料（2～3人份）

紅蘿蔔 — 1/2條

雞蛋 — 1顆

鹽 — 2撮

沙拉油 — 少許

熱水 — 約400ml

/ 小撇步 \
最理想的狀態是
途中添加熱水，
但是求快的話也
可以加水就好。

作法

①打蛋，起一鍋滾水。將紅蘿蔔橫向切半，一半削成細絲，一半
　用菜刀切成偏粗的條狀。

②將沙拉油倒進預熱的平底鍋，再炒熟①的蛋液。

③先放入較粗的紅蘿蔔絲後，再倒入細紅蘿蔔絲拌炒。

④將熱水倒入平底鍋中直到淹過食材的高度，蓋上鍋蓋後以大火
　燉煮。

⑤燉煮期間要經常開蓋攪拌，並煮至水分收乾、紅蘿蔔變軟時，
　再加鹽即大功告成。

(Tips) 老闆娘堅持紅蘿蔔要切成兩種粗度，才能夠兼具方便食用性與口感。

葉家肉粥

P45 左邊是老闆葉明欽先生，右邊則是準備繼承的次子葉奕宏。與妻子一起經營之餘，還有兒子主動幫忙，真的是很棒的家族合作。

\ Info /

🏠 台北市大同區保安街49巷32號

📞 0916-836-699

🕐 09:00～15:00
（不定期公休）

🗺 地圖P185 B

清澈的藍天與巨大的細葉榕樹互相輝映，座落在樹下的小小飲食攤販，組成了台北屈指可數的早餐聚集點「慈聖宮廟口美食小吃街」。從大馬路轉進小巷子，就會看見廟前的廣場上，擺滿了各家攤商的桌椅，儼然就是一間「青空食堂」。每一區塊的攤販各有不同的排列方式，其中座落在細葉榕樹腳邊的正是「葉家肉粥」。

現在是8點41分，老闆葉明欽先生正忙著張羅開店。我坐在攤子後方的座位，老闆邊招呼客人邊端來了料理。料理出乎意料的視覺效果令我訝異—我聽到肉粥時，擅自想像成是大塊的肉擺在白粥上，沒想到登場的粥品，卻擁有優美澄澈的湯汁。陽光穿透茂盛枝葉落在餐桌上，讓澄澈的湯反射出璀璨的光芒。試嚐一口，我感受到深沉的鮮味與清爽的舒適，一如所見的美好滋味讓我心情更好了。抬頭望向四周，發現不知何時已經坐滿了客人，仔細觀察發現很多人都會要求加

A 這就是粥,美得令人怦然心動,吃了令人著迷不已。
B 肉粥的美味祕訣,是葉老闆手上的這些蝦米。
C 葉老闆表示:「我們的紅燒肉都是現炸,因為熱熱吃最好吃!」
D 連搭配紅燒肉的醋醃白蘿蔔都無懈可擊。其它還有炸花枝等美味可以選擇。
P49(上) 閃閃發亮的湯,這樣的透明度,仰賴著熟練的技術。
P49(下) 宛如張開雙手靜佇在此的細葉榕樹,在樹下吃早餐真的很舒服。

湯,詢問店家後才知道,這裡的肉粥竟然可以免費加湯,這麼好喝的湯竟然可以免費續加,我不禁對店家的生意觀深感佩服。

沒多久趁空走過來的葉老闆,我問他對料理的堅持時,他便熱情地開始訴說:「肉粥這麼鮮甜是因為用蝦米熬湯後,又以鹽、醬油、豬肉(同樣用鹽與醬油醃過)調整口味。蝦米不能過多,米則要從生的狀態開始煮,蘿蔔絲要視時節調整成香菇絲⋯⋯」他對料理的熱情,讓我聽得津津有味。

與肉粥同樣備受好評的紅燒肉,咬起來酥脆,在味蕾擴散開的卻是豬肉純粹的鮮美,堪稱極品。一問及這道料理,葉老闆同樣滔滔不絕地分享著。從葉老闆的敘述中得知,由他父親創立的葉家肉粥是攤車起家,肉粥與紅燒肉就是從當時延續至今的招牌料理。葉家肉粥創業至今已經30年,由葉老闆接下第二代的重責大任。極其簡單的材料,卻能呈現出這些精緻得令人訝異的料理,想必是親子二代以長年的經驗、熟練的技術與熱情孕育出的結晶吧!

以豬肉與蝦米熬出鮮味的極品肉粥，最大關鍵是澄淨的湯汁，但是這樣的精髓卻很難辦到，令人不禁欽佩老闆的精湛手藝！

小撇步

很難煮出像店裡那樣澄淨的湯色，但是味道卻相當接近！

● 葉家肉粥

肉粥

材料（1～2人份）

白米 — 0.5合
水 — 約700ml
白蘿蔔 — 約3cm
豬肉 — 約40g

芹菜 — 2支
油蔥酥 — 1大匙
地瓜粉 — 適量

A ———
蝦米 — 約5g
鹽 — 1/2小匙
醬油 — 1/2小匙

作法

①豬肉與白蘿蔔切絲，芹菜切碎。
②用醬油（份量外）與鹽（份量外）醃豬肉並搓揉使其入味，裹上地瓜粉。
③用鍋子煮沸約500ml的水，倒入A與②後用小火煮約3分鐘。
④將洗好的米與①的蘿蔔絲倒入鍋中，燉煮約20分鐘。途中水變少時，再分次倒入共約200ml的水，保持一定的水量。
⑤最後倒入芹菜與油蔥酥即大功告成。

 Tips

· 油蔥酥可以用炸洋蔥代替，地瓜粉則可改成片栗粉。要留意別放太多蝦米了。
· 步驟②醃肉用的鹽與醬油份量依個人喜好，通常口味重一點會比較美味。
· 老闆表示煮到米飯粒粒分明的程度最好。

外酥脆內多汁的炸紅燒肉，在攤販與餐廳都很受歡迎，
看起來很費工，但是，沒想到卻意外地簡單。
此外，加點檸檬汁搭配食用也很美味！

紅燒肉

材料（1～2人份）

豬五花肉塊 ── 約100g

紅槽（紅麴）── 約1大匙

地瓜粉 ── 適量

沙拉油 ── 適量

薑 ── 依個人喜好

A──────

醬油 ── 1/2小匙

蠔油 ── 1/2小匙

砂糖 ── 1/2小匙

麻油 ── 1/2小匙

醋 ── 1/2小匙

> **小撇步**
>
> 沒有紅槽的話也
> 可以用鹽麴，但
> 是其它調味料就
> 要淡一點，不然
> 會太鹹。

作法

①將豬五花肉塊與紅槽放進塑膠袋裡，仔細搓揉後再倒入A的調
　味料，抽乾袋內的空氣後綁起來放在冰箱裡冷藏一晚。

②取出①後在表面裹滿地瓜粉。

③以低油溫炸熟，途中要翻面2～3次。

④炸好後切成一口食用的大小，喜歡的話也可以添加薑絲一起吃。

 ・也可以用較厚且油花較多的豬里肌肉代替，但是用的炸油最好
　高出肉塊1cm左右，且途中要用湯匙舀起炸油淋在肉上，才能夠
　完全熟透。

・用片栗粉代替地瓜粉一樣很有台式風格。

51

可米元氣漢堡

忙碌早晨的漢堡＆三明治

P53 右邊是老闆賴建宏先生，左邊是妻子江麗芳小姐，店裡空間以清爽的藍色為主調，與兩個人非常相襯。店裡除了兩人外，還有妻子的姊姊一起幫忙。

Info

🏠 台北市中山區中山北路二段62巷38號

📞（02）2523-7287

🕐 05:30～13:00
（每週日公休）

MAP P185 B

　　藍色招牌、藍白相間的屋簷，這間座落在住宅區一角的早餐店，藍色的主調令人印象深刻。從屋頂長出的植物綠意，為這間「可米元氣漢堡」勾勒出閑靜且略帶奇幻的氛圍。「可米元氣漢堡」主要是供應漢堡與三明治的早餐店，我早上8點時就有先經過一次，當時外帶餐檯上擺滿了剛做好的三明治，門前也站滿了客人。10點時再度造訪，就發現架上的三明治已經不見了，商品幾乎銷售一空。我對此驚訝不已時，一位很適合黑框眼鏡與黑圍裙的男子漢告訴我：「每天都這樣喔！」原來他就是老闆賴建宏先生。

　　這間店離捷運雙連站很近，平日要搭捷運去上班的人，都會順路來買可以迅速到手的美食，這裡最受歡迎的就是綜合、鮪魚與水果三明治。「可米元氣漢堡」的商品多元化，共通點就是簡樸且價格平易近人。「迅速、便宜、好吃─我們家的餐點就是這麼適合大眾。」賴先生微笑說道。正因為餐點簡單，所以老闆

53

A 配料有厚實的豬肉與荷包蛋，飽足感十足的鐵板麵！
B 擺在餐檯上的外帶三明治，種類五花八門。
C 鮪魚漢堡。漢堡系列的人氣口味也是鮪魚，台式美乃滋的甘甜和鮪魚真的很搭。
D 從店內座位望向廚房，店家俐落工作的模樣相當迷人。店裡也擺滿了漫畫！
P55（上）很受歡迎的水果三明治，餡料為鳳梨、奇異果與水蜜桃，台式美乃滋則完美調和了三種水果。
P55（下）一群年輕男性在等外帶的餐點。

更講究食材，在新鮮、清潔與品質方面絕不妥協。

過了上班時間的巔峰時刻，附近居民就開始踏入內用區坐下，點了漢堡或三明治享受悠閒的早晨。這種恬靜的時光令人心曠神怡，不過這只是平常日的光景，到了週末，附近居民就會一家大小造訪，在店內慢慢品味假日的早晨。仔細一看也發現店裡擺了大量漫畫，我不禁想像起邊等餐邊翻閱漫畫，然後稍微發個呆的閒情逸致，就覺得很像日本老家的定食店與拉麵店，頓時倍感親切。

在這屬於早午餐的時段裡，除了漢堡與三明治外，鐵板麵似乎也很受歡迎。用店裡的鐵板豪邁炒完肉與麵後，淋上大量的黑胡椒醬，刺激強勁的滋味讓人吃了就活力大增。「可米元氣漢堡」平日是上班族的好夥伴，假日則是家庭的休息好去處。賴老闆創業至今已經20年，從營運狀況就可以看出「可米元氣漢堡」在當地的深耕與受歡迎程度。

台灣的鮪魚漢堡如其名所述，就是夾有鮪魚餡料的漢堡，
名字雖然很不起眼，但是台式美乃滋卻為其帶來了不可思議的風味。

鮪魚漢堡

材料（1人份）
漢堡專用麵包 ─ 1套
鮪魚罐頭 ─ 約1/2罐
雞蛋 ─ 1顆
萵苣 ─ 1～2片
小黃瓜 ─ 約5cm
台式美乃滋 ─ 依個人喜好
蕃茄醬 ─ 依個人喜好
黑胡椒 ─ 少許
沙拉油 ─ 少許

＼小撇步／
味道重一點比較好吃，因此可以盡情抹上大量的調味料，不必太小心。

作法
①將小黃瓜切絲，萵苣則撕成適合夾進漢堡裡的尺寸。
②瀝乾鮪魚罐頭的油，拌入台式美乃滋。
③將沙拉油倒入預熱好的平底鍋後，煎熟荷包蛋，同時用烤箱稍
　微烤一下漢堡專用麵包。
④依鮪魚、小黃瓜、萵苣、荷包蛋的順序夾入麵包中，上側的麵包
　內側塗滿蕃茄醬後，撒上少許黑胡椒再覆蓋上去即大功告成。

黑胡椒醬是台灣人熟悉的調味料，拌有大量黑胡椒醬的炒麵，
是很受年輕男性歡迎的早餐選項。鐵板麵的滋味與份量都令人滿意，特別適合早午餐時間享用。

鐵板麵

材料（1人份）
油麵 — 1人份
豬肉片 — 1片
雞蛋 — 1顆
黑胡椒醬 — 依個人喜好
鹽、黑胡椒 — 1小撮
沙拉油 — 少許

小撇步
黑胡椒很辣，
怕辣的人要放
少一點。

作法
①豬肉抹上胡椒鹽調味後靜置。
②將沙拉油倒進預熱的平底鍋中，放入麵條炒熟後拌入大量黑胡
　椒醬，完成後再盛盤。
③用平底鍋煎熟①與荷包蛋。
④將③擺在炒麵上即大功告成。

Tips 日本的中華料理食材店可以買到黑胡椒醬，此外，台灣的超市也
　　　幾乎都有賣，很適合買回日本當伴手禮！

阿香三明治

堅守40年的三明治口味

P59 老闆黃南桂先生，原本是與妹妹、妻子一起撐起這家店，現在主要由夫婦倆經營。我造訪時老闆娘正好外出，可惜！雖然招牌上寫著30年，實際上已經開業40年了。

Info

🏠 台北市中山區雙城街10巷13之1號
📞 0939-315-667
🕐 07:00～13:30
（每週日公休）
🗺 P185 B

40年來只賣兩種三明治的「阿香三明治」，販售的品項分別是「火腿蛋」與「肉鬆蛋」。飲品方面則有咖啡與堪稱台灣版美祿的「阿華田」，和三明治搭配販售。店頭的天花板吊掛著橘色的大型招牌，大大的寫著店名與餐點名，簡潔有力得讓人感受到獨特的美學。

台北的「雙城街夜市」以營業時間很長聞名，無論什麼時候去都會有店家營業中；「晴光市場」則有豐富的美味小吃，吸引許多饕客前往。「阿香三明治」就位在兩者中間，但是地點偏離鬧區，所以相當難找。我找著找著總算發現佇立在路邊的小小立式招牌，店名的下方畫有箭頭，順著指引方向望去，只見一條位在大樓一樓的昏暗小徑，然後我終於在這條很難與人擦身而過的狹窄小路，發現了「阿香三明治」。

當時是介於早餐與午餐之間的十一點半，所以沒有客人是正常的，但是整間店卻一個人也

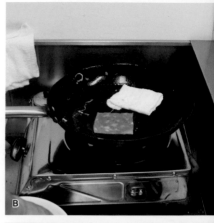

看不到。「阿香三明治」沒有店門，是完全開放式的店面，這讓我不禁擔心：「這樣都沒人顧沒問題嗎？」結果才發現坐在店旁的椅子看報紙的大叔，正是老闆黃南桂先生，他徹底融入了這片景色，所以我完全沒發現他，是我失禮了。

店裡沒有大鐵板也沒有工作檯，只有小小的瓦斯爐上，擺著一個家用尺寸的平底鍋，再加上店頭檯子上的烤吐司機與砧板，就這樣而已。黃老闆將吐司放進烤吐司機後，再打散蛋液倒入平底鍋，煎熟後俐落地用鍋鏟折成四邊形，接著利用鍋中的空位繼續煎火腿。蛋和火腿都煎好時，吐司也烤好了，因此便依吐司、

煎蛋、奶油、火腿、吐司的順序疊起，接著又放上蕃茄片、用鹽搓揉過的小黃瓜，最後用塗了美乃滋的吐司蓋上就大功告成。老闆折成四邊形的煎蛋，恰如其分地收納在三明治裡，這令我對老闆的職人技術讚嘆不已。肉鬆版本則是將火腿換成肉鬆，並添加了非常香濃的自製花生醬。兩種口味都像是老家吃得到的料理，擁有令人安心的美味，身心都得以放鬆了。

我要離開時，出現了年輕的男客人。儘管他沒有特別交代，但是手上三明治卻保留了吐司邊，這位應該是常客的男性，拿著用薄紙包著的三明治，轉眼就瀟灑離去了。

火腿蛋吐司

材料（1人份）

吐司（20mm厚）— 3片　　沙拉油 — 少許

火腿 — 2片　　　　　　鹽 — 少許

小黃瓜 — 1/3條　　　　奶油 — 依個人喜好

蕃茄 — 1/4顆　　　　　花生醬 — 依個人喜好

雞蛋 — 1顆　　　　　　台式美乃滋 — 依個人喜好

作法

①將小黃瓜切絲後用鹽搓揉過，蕃茄則切片。

②用烤吐司機將吐司烤到出現焦痕。

③將沙拉油倒進預熱過的平底鍋後，倒入打散的蛋液煎熟。

④稍微煎一下火腿。

⑤吐司烤好後，各於單面塗上奶油，塗完後取其中一片，在奶油這一面依序放上煎蛋、火腿。

⑥取還未塗上奶油的吐司單面抹上花生醬，將花生醬這一面蓋在火腿上。

⑦擺上蕃茄與小黃瓜，然後取最後一片吐司，將美乃滋這一面朝內蓋上。吐司邊是否保留，則依個人喜好而定。

 煎蛋時先在平底鍋內將蛋折成四邊形的話，夾進吐司時的形狀會很漂亮。

阿香三明治

肉鬆蛋吐司

材料（1人份）

肉鬆 — 依個人喜好

＊其它都與「火腿蛋吐司」相同（不需要火腿）。

作法

①將「火腿蛋吐司」中的火腿換成肉鬆，內餡的順序變成肉鬆→煎蛋，除此之外的步驟都一樣。

 ·日本的中國或台灣食材店都買得到肉鬆，買不到的話也可以親手製作，只是比較費工夫（參照P168）。

·搭配堪稱台灣版美祿的「阿華田」時，簡直是一首美味的交響曲。「阿華田」可以在台灣的各大超市購得。

＼小撇步／

用鹽搓揉過的小黃瓜鹹得很夠味，非常推薦多加這一道功夫。

這間在市場屹立40年的小小三明治專賣店，
供應純樸穩定的滋味。
使用的食材（肉鬆等）都是台灣料理的常備食材，
尋常得宛如家家戶戶都有，
但是滋味卻不容小覷，每天吃也不怕膩。

豐盛號

父親的麵包與祖父的紅茶

P65 店長黃振洋（左起第二位）與店員們，每個人都很害羞，邀請他們拍合照時，羞澀的笑容真的很可愛。

> ╲ Info ╱
> 🏠 台北市士林區中正路223巷4號1樓
> 📞（02）2880-1388
> 🕐 06:30～13:00
>（週六、日 06:30～14:00）
>（售完即提早打烊）
> Ⓦ www.fongshenghao.com.tw
> 🗺 P185 C

很受歡迎的碳烤吐司三明治店「豐盛號」位在台北的北部，從士林夜市、故宮博物館附近的捷運士林站出發，多走幾步路就可以到達店家所在的巷子裡，這條巷子相當乾淨，散發出一股清爽的時髦氛圍。走在巷子時一條人龍忽然映入眼簾，原來那正是「豐盛號」的排隊隊伍。一踏進店裡就看見櫃台，店員們在後方的廚房忙進忙出。現在已經下午一點了，以午餐來說相當晚，但是仍陸續有客人上門，還有年輕男女很開心地在拍照打卡。看來這對台灣人來說，是一定會想去吃吃看的店呢！

採訪當天是由店長黃振洋先生招呼我，店長出生於台灣南部的恆春，他的父親經營麵包店，祖父則是經營茶葉行，所以他自幼就深愛著吐司與紅茶，並承襲這些經驗與回憶，於2013年在台北開設這家店。店長是虔誠的基督教徒，因此店名就取自聖經故事。

店裡全面使用天然食材，能

A 花生醬等所有食材，用量都非常大方！
B 人潮的巔峰在早上8:30左右，同時間最多會有11名員工一起工作。
C「辣醬肉蛋起司」擁有絕妙的辛辣感，適合搭配微甜的「蔗香紅茶」。
D 和媽媽一起來買三明治當午餐的小男孩。
P67（上）肉鬆＋煉乳＋煎蛋＝迷人的組合「肉鬆煉乳蛋」，超好吃！
P67（下）以碳火謹慎地烤著非常講究的吐司。

● 豐盛號

夠手工製作的都盡量自製。每天從恆春老家麵包店送來的吐司，使用了紐西蘭「恆天然」公司的優質奶油，以及台灣知名牛奶之鄉瑞穗的新鮮牛奶，再搭配麵包店的純熟工法，堪稱極品。豐盛號的吐司會經過碳烤，光是單吃吐司就非常好吃，菜單則都是店長在開店前花了半年研發的成果，每一道都美味得不得了。其中最值得一提的是「肉鬆煉乳蛋」與「辣醬肉蛋起司」，前者以肉鬆與煉乳搭配出觸電般的美味，後者是用屏東豬肉搭配偏甜的南部辣醬，充分運用花生製作的「土豆粉」，則很受年長客人的歡迎。

雖然現在豐盛號只提供外帶，但是店長也計畫著日後要搬到有內用空間的店鋪。採訪得告一個段落的時候，有位媽媽帶著小男孩上門，這位媽媽是在附近上班，所以經常來買，看來豐盛號吸引的不只是追隨潮流的人，同時也受到當地居民的喜愛。

這份簡單的三明治，充滿了對肉鬆的愛，是散發強烈台灣氣息的食材組合。
肉鬆的品質一吃就感受得出來，所以請盡量選用品質較好的肉鬆。

● 豐盛號

肉鬆煉乳蛋

材料（1人份）
吐司（20mm厚）— 2片
雞蛋 — 1顆
肉鬆 — 1～2湯匙
台式美乃滋 — 依個人喜好
奶油 — 依個人喜好
煉乳 — 依個人喜好
沙拉油 — 少許

作法
①用烤吐司機將吐司烤到微帶焦痕。
②趁烤吐司時煎蛋。將沙拉油倒入預熱的平底鍋中，再倒入打散的蛋液煎熟。這裡建議將煎蛋的尺寸，控制在剛好夾在吐司裡的大小。
③取一片烤好的吐司，在單面抹上台式美乃滋，接著依序擺上煎蛋與肉鬆。
④另外一片吐司單面塗上奶油後，再抹上大量煉乳，接著將塗醬的這一面朝向內側蓋上，即大功告成。

＼ 小撇步 ／
肉鬆可以從台灣食材店等地方購得，或是自行製作（P168）。

蘊藏著對花生的強烈愛意，強烈程度是光看米色柔和外觀無法想像的，
喜歡花生滋味的粉絲千萬別錯過！另外，吃的時候一定要搭配飲品。

土豆粉

材料（1人份）

吐司（20mm厚）— 2片
花生粉 — 1～2湯匙
砂糖 — 2～3小匙
花生醬 — 依個人喜好
雞蛋 — 1顆
奶油 — 依個人喜好
沙拉油 — 少許

小撇步
用黃豆粉代
替花生粉同
樣很美味。

作法

①～②與右頁的「肉鬆煉乳蛋」作法相同。
③將花生粉與砂糖拌在一起。
④烤好的兩片吐司均單面塗上奶油，並在其中一片的奶油上面，
　依序擺上煎蛋、花生醬、③。
⑤取另外一片吐司，將奶油面朝下覆蓋後，即大功告成。

Tips 撒上花生粉後，看起來更時髦有型。

三明治店推薦的
「林華泰茶行」

右下 銀色大圓桶裡裝了茶葉，工作人員正努力裝袋中。
左下 店裡深處有焙茶機，可以入內參觀。
P71 中庭植物的野性之美令人著迷。

\ Info /

🏠 台北市大同區重慶北物二段193號
📞（02）2557-3506
🕐 07:30～21:00（僅於農曆新年公休兩天）
MAP P185 B

　　這次採訪了幾間三明治早餐店，最常聽到的關鍵字之一就是「林華泰茶行」，很多店家都強調自己使用了這家茶行的茶葉。深受這些早餐店青睞的「林華泰茶行」，是間知名的老牌茶葉店，創業於1883年，以秤斤論兩的方式販售豐富種類的茶葉，不僅接受大宗批發，一般零售也很歡迎。「林華泰茶行」的經營理念是「用便宜的價格供應優良品質的茶葉」，讓這些早餐店老闆都異口同聲表示：「林華泰茶行的紅茶與三明治很搭！」實際造訪時也看見店裡堆滿了等著配送到早餐店的大包茶葉。這棟50年以上的建築物，以及綠意優美的中庭，也很值得走一趟參觀。

71

喜多士豆漿店

彈牙又酥脆的蛋餅誘惑

P73 從左邊開始依序為將成為第三代的兒子羅渝准、老闆娘黃美麗、女兒羅羽淳、第二代老闆羅文中。這一家人每天凌晨三點就起來工作了。

Info

🏠 台北市中山區民權東路二段71巷15號
📞 (02) 2598-1210
🕐 06:00～11:00
（每週一公休，但是每個月第一個週一會營業）
🗺 P185 B

　　「這裡的蛋餅沒有第二句話，就是好吃！」聽說這樣的推薦後，我來到了台北的「行天宮」，這裡祭祀的是重信義的三國武將─關羽。我穿過「行天宮」東側的大街，踏入常見的住宅區，我在早上7點抵達這家店，門口的店員正以鐵板鏗鏘匡啷地煎著蛋餅，店家將麵粉製成宛如可麗餅的蛋餅餅皮煎熟後，包著煎蛋捲成一圈─這便是台灣人相當愛吃的早餐。包在中間的餡料種類豐富，常客還會提出要求餡料的增減，打造出專屬個人口味的特製蛋餅。蛋餅堪稱台灣早餐的經典選項，既然這裡的蛋餅好吃，自然就吸引了大量的客人，而這家「喜多士豆漿店」確實洋溢著滿滿的活力。

　　「喜多士豆漿店」的蛋餅厚度恰到好處，不會過厚也不會過薄，餅皮外酥內軟更是不得了！包在美味餅皮裡的煎蛋滋味樸素，卻交織出令人陶醉的美味，讓人不禁雀躍地想：「沒錯，我就是想吃這個！」向老闆羅文中詢問餅皮的祕訣時，儘管他雙手忙著工作，

豆　加　加　　30　12　梳

漿　米　　蛋　油　油　加　加　二　二　蛋　蛋

　　漿　　餅　條　條　加　加　15　30　一　份　一

大　小　大　小　　　　　蛋　蛋　15　個　個　個　條

20　15　20　15　35　50　45　40　25　25　40　13　25　13　15

九月份休假
9/4　9/11　9/18　9/25
(一)　(一)　(一)　(一)

NO

請先

黃豆　優質　本店

73

A 正在大量生產的麵糰，光看店家的手勢就覺得很美味。
B 鐵板由老闆娘與女兒負責，兩人默契十足的工作模樣相當有魅力。照片中的他們正在
　煎蛋餅。
P75 從右上角開始逆時針依序為蛋餅、豆漿、蔥花蛋、油條、蘿蔔糕、鹹豆漿，以醬油
　與蒜泥調成的原創調味料也很美味。

仍仔細地告訴我：「水溫以及醒麵的場所、時間，都必須隨著季節與氣溫調整。適合醒麵的溫度為20度，因此夏天時會放進冰箱裡，冬天就會以常溫進行。麵糰發酵程度不夠時就推不開，但是過度發酵也不行。」聆聽老闆解說的同時，我也從他沉穩的笑臉中，感受到對麵糰的熱情。正因老闆這樣一路奮鬥了40年，才能呈現出如此強勁有力的美味。

「喜多士豆漿店」創業於1976年，現在的老闆已經是第二代，羅老闆是創業人的徒弟，一直跟在師父身旁學習 後來繼承了這家店後，與準備接下第三代之位的兒子羅渝准、妻子黃美麗、女兒羅羽淳同心協力經營著。兒子羅渝准非常年輕，才20歲而已，但是他默默地與父親一起在大工作台上揉著麵糰，認真的模樣令人震撼！老闆娘與女兒則負責煎台這邊的工作，看她們在鐵板前合作無間，也是一大視覺饗宴。

「喜多士豆漿店」不提供外送服務，羅先生表示：「我們要全心服務親自上門的客人。」他由衷感謝這些特地造訪的客人，揉麵糰時總是懷著謝意。據說有時十點半就賣完了，我親自觀察後也對此深感認同。

台灣早餐界的偶像「蛋餅」，四處都很盛行煎得酥脆的蛋餅，但是有些店家著重綿軟口感，有些則著重酥脆威。不管是哪一種，都和雞蛋非常相襯。

蛋餅

材料（1人份）
＊蛋餅皮材料與作法請參照P150。

雞蛋 — 1顆
青蔥 — 依個人喜好
鹽 — 依個人喜好

小撇步
在家自製時，餅皮薄一點比較快熟，比較不容易失敗。

作法
①製作蛋餅皮（參照P150），趁空檔將青蔥切成蔥花後拌入鹽備用。
②餅皮完成後就下鍋煎（參照P150）。
③煎餅皮的同時打蛋，將①調味後的蔥花倒入蛋液中後，再拌入少許鹽。
④餅皮稍微煎熟後，就開始煎③的蛋，煎好蛋後先拿出來放盤子。
⑤將煎蛋鋪在平底鍋正在煎的餅皮上，並折成三折，接著煎至表面酥脆即大功告成。最後切成方便食用的尺寸後，就可以開動囉！

Tips 餅皮中的餡料除了煎蛋外，搭配火腿、培根或融化時特別黏稠的起司也很美味！另外也可以換成自己喜歡的食材。

這間店的鹹豆漿使用了
兩種蝦米，潤口的滋味適合
搭配任何一種早餐。
在家製作時也可只使用一種蝦米。

小撇步
台灣超市買得到
的蝦皮很鹹，非
常好吃，我買的
就是這個。

鹹豆漿

材料（1人份／1碗份）

豆漿 ― 180～200ml
櫻花蝦 ― 依個人喜好
榨菜 ― 滿滿1小匙的1/2
肉鬆 ― 1小匙
切好的油條（作法參照P152）― 3～4塊
青蔥（蔥花）― 依個人喜好

鹽 ― 1小撮
醬油 ― 1小匙
醋 ― 1～1.5小匙
辣油 ― 依個人喜好

作法

①切碎榨菜後，將油條切成2cm寬。
②用小火加熱豆漿，過程中要避免豆漿溢出。
③加熱豆漿的同時，將其它食材放進碗中。放入順序為櫻花蝦、
　①的榨菜、肉鬆、油條、蔥花、鹽、醬油、醋。
④豆漿的溫度夠熱後就倒入③的碗內，並依個人喜好淋上辣油。

Tips　·替代食材與其它搭配吃法請參照P136。
　　　·店裡使用了兩種蝦米（蝦仁與蝦皮），除了肉鬆外還加了素肉
　　　　鬆，滋味非常講究。各位若能備齊材料，也請務必挑戰看看！

津津豆漿店

大量韭菜的炸式蛋餅

P79 右邊是老闆娘許雪珠，左邊是女兒張詩昀，兩人都是默默努力工作的類型。由於這間店前後都對外開放，因此現場空間相當通風舒適。

Info

🏠 台北市大同區延
平北路四段5號
📞（02）2597-3129
🕐 04:30～11:00
（05:30 後料理比
較多）（1 個月 1
次不定期公休）
MAP P185 D

早上6點，陰雨綿綿的台北，從殘存古樸面貌的大稻埕往北繼續走，可以來到美食聚集的延三夜市，再繼續往北走，就會看見位在大馬路邊的「津津豆漿店」。桌椅設置在騎樓上，坐在座位上就看得到店家正在油炸食物的過程，這種現場表演似的氛圍相當有趣。不用多加解釋，油炸區正馬不停蹄在炸的，就是店裡的招牌餐點「炸蛋餅」。炸蛋餅的製作過程，為候餐的時光帶來了些許娛樂氣息。在下雨聲與

油炸聲交錯下，看似常客的客人們陸續上門。即使這天雨下得頗大，人們仍毫不在意地前來吃早餐。

「蛋餅」是台灣早餐店必備的餐點，可麗餅般的餅皮裡包著煎蛋，美味得不得了。大部分的蛋餅都是用煎的，但是經過多方了解之後，才知道最早出現的蛋餅是用炸的，因此這裡的炸蛋餅可以說是種古早味。但是隨著人們愈來愈重視健康，再加上油炸的工序實在太麻煩，因此炸蛋餅的

A 店裡也有賣鬆軟的饅頭。
B 肉鬆與荷包蛋組成的法式吐司,滋味相當柔和。
C 很多人都不畏風雨,騎著機車來買早餐。
D 不斷完成的炸蛋餅,擺在戶外的油炸區,油炸聲響超豪邁!
E 津津豆漿店的炸蛋餅兩大特色,就是韭菜與自製甜辣醬,大口咬下後便口齒留香。

津津豆漿店

數量才會急遽減少,由此可知吃得到炸蛋餅的店可是很珍貴的存在。

要形容比喻的話,酥脆的餅皮就如同炸餃子,而這裡的蛋餅餡料則是炸過的荷包蛋與大量的韭菜,超重的韭菜味真的很好吃。我為了拍照不小心讓蛋餅冷掉時,店員阿姨立刻端出剛炸好的蛋餅,一邊說著:「趁熱吃才好吃!」原來如此!實際品嚐也確實如店員所述,剛炸好的遠比冷掉時好吃多了,炸蛋餅,就應該要趁熱吃!

「津津豆漿店」約有60年的歷史,老闆娘許雪珠已經是第三

D　E

代了。她在 1999 年時看到這間店的「頂讓（經營權與技術一起轉讓）」廣告後，便下定決心扛起這家早餐店。原本是在印刷廠工作的她，搖身一變成為早餐店的經營者，她從上一任老闆身上學到了經營的方式，以及招牌料理的製法，同時經過重重努力，在保有原本滋味的優點之餘，以自己的方式加以改良，想出許多新的菜色。老闆娘推出的新菜色之一「法式吐司」，至今仍很受歡迎。每天凌晨兩點就來店裡準備的老闆娘，與女兒張詩昀一起扛起這家店，與店員一起為店裡帶來滿滿的活力，相信「津津豆漿店」日後還會繼續進化！

早餐界的人氣偶像「蛋餅」的油炸版本，事實上這才是最早的作法，
真正的古早味，趁熱吃最好吃！

炸蛋餅

材料（1人份）
＊蛋餅皮材料與作法請參照P150。

韭菜 ── 3～4支　　胡椒 ── 依個人喜好

鹽 ── 少許　　　　沙拉油 ── 適量

雞蛋 ── 1顆

\小撇步/
店裡是搭配醬油膏或甜辣醬，不過沾蕃茄醬也很好吃！

作法

①製作蛋餅皮（參照P150），趁醒麵的時候，將韭菜切成約3cm
　長後以鹽搓揉。

②將沙拉油倒進平底鍋裡至1cm高，然後開火加熱。

③放入蛋餅皮後炸至微微變色後翻面，接著打蛋進去炸荷包蛋。

④餅皮微微上色後，便放上①的韭菜與荷包蛋，接著將蛋餅捲成
　兩折或三折，並繼續炸到表面變成褐色。

⑤瀝油後切成方便食用的大小，也可以依個人喜好撒上胡椒粉。

Tips　蛋餅皮炸太久的話會變硬，導致折不起來，所以要特別留意，趁
　　　餅皮還軟的時候放入配料是一大關鍵。

在傳統早餐店吃得到的法式吐司，散發出一股懷舊氣息。
製作的時候放入豆漿，增加了軟綿綿的柔和滋味。

法式吐司

材料（1人份）
吐司（20mm厚）— 2片
雞蛋 — 2顆
豆漿 — 約50ml
肉鬆 — 2湯匙
台式美乃滋 — 依個人喜好
沙拉油 — 少許

作法
①吐司切掉吐司邊，並打蛋與豆漿拌在一
　起。
②將吐司放進①的液體中泡到入味，同時預
　熱平底鍋。
③平底鍋夠熱之後倒入沙拉油，先煎荷包蛋。
④荷包蛋煎好後先裝盤，接著將吐司煎至兩面均呈微微的焦色。
⑤吐司煎完後稍微放涼再抹上台式美乃滋，接著均勻鋪上肉鬆。
⑥將荷包蛋擺在肉鬆上，再蓋上另一片吐司即大功告成。

小撇步
吐司如果浸泡太
久可能會導致破
掉的情況，請斟
酌讓蛋液稍微滲
入吐司才是最佳
程度。

樺林乾麵

三階段美味的簡單麵食

P85 第三代老闆林國棟先生，以前是在便利商店工作，後來才回來繼承家業。父親林志華先生也一起在店內打拚。

Info

🏠 台北市中正區中華路一段91巷15號1樓
📞（02）2331-6371
🕐 06:30～14:00
（每週六、日、國定假日公休）
MAP P185 F

這是條觀光時不太會造訪的大馬路，路旁林立著不知道是什麼機構的大樓。這裡明明位在熱鬧的西門町與小南門之間，雖然說今天下雨，但是週三早上的8點路上卻一個人也沒有，太寂寥了吧。我從大馬路左轉進入小巷子，雖然空氣中飄散著些許生活氣息，放眼望去仍舊毫無人煙──這裡真的有很受歡迎的乾麵店嗎？我沒走錯路嗎？我忐忑不安地窺視每一棟房子，尋找著看起來像目標的招牌，最後總算發現一扇玻璃門寫著大大的「樺林乾麵」，找到了！

踏進店裡就看見滿滿的客人，店外的清寂如幻影般消散。這裡有穿著襯衫很像上班族的大叔、體格壯碩的T恤青年、讓人好奇起職業的時髦謎樣大叔等，清一色都是男性。每個人都吃得很認真，他們眼前都擺著沒有湯汁的白麵，以及漂浮著水煮蛋的淺色湯品。

這碗白麵就是「樺林乾麵」的招牌菜單「乾麵」，這裡的乾

A 「乾麵」最原始的模樣，調味料都在底部，所以要攪拌後再吃。

B 將「蛋包湯」的半熟嫩蛋放在乾麵上吃，是常客特有的吃法。

C 再倒入「干絲」就進化完成，迎來美味的最高潮。

D 湯底是以排骨（帶肉的豬骨）仔細熬煮而成。

P87 拌入半熟嫩蛋、小菜與辣油後，變得更好吃了。

● 樺林乾麵

麵非常簡單，只拌了醬油、醋與自製豬油。桌上則擺有豐富的調味料，自行添加黑醋、辣油、胡椒粉後，又會變成截然不同的美味。光吃麵就很好吃了，但是這裡的常客會追求美味的極致——那就是把「蛋包湯」中的半熟嫩蛋擺在麵上，接著用筷子夾破蛋黃，藉由濃醇潤口的滋味讓美味倍增。再將以豆腐皮與榨菜拌成的小菜「干絲」倒上去就更完美了。如此一來，乾麵的三段式進化就大功告成！

「樺林乾麵」擁有 55 年的歷史，現任老闆林國棟先生是第三代。店面原本在台北總統府後方，主要客群都是軍方人士，這些人的生活型態都是早出早歸，所以麵店才會配合他們的作息，變成早上開到中午的早餐店。現在這間店是由老闆、老闆的家人與工作夥伴一起經營。

那位時髦的謎樣大叔吃飽要離開前，拋下了這句話：「我可是在這裡吃了50年呢！」這裡的滋味就是令人如此著迷。

調味料只有醬油、醋與豬油，是碗滋味極簡的乾麵，
但是藏在樸素外觀下的，卻是極富衝擊力的美味。
開動前請從底部仔細地將調味料拌勻。

樺林乾麵

乾麵

材料（1～2人份）
乾麵（可用油麵或麵線代替）— 1人份
豬油 — 1/2小匙
醬油 — 2～3小匙
醋 — 1小匙
青蔥（蔥花）— 少許
黑醋、辣油、胡椒粉 — 依個人喜好

╲ 小撇步 ╱
依麵條包裝指示的
一人份煮起來好像
偏多？其實煮一半
就很飽足了，黑醋
等調味料可以依個
人喜好決定要不要
加。

作法
①用沸水煮麵，煮的程度請遵照麵條的包裝指示。
②在準備放麵的碗裡先倒入醬油。
③瀝乾煮好的麵後再放進②的容器內。
④淋上豬油與醋後，擺上蔥花。

Tips ・用非常沸騰的水煮麵時，麵條會更有嚼勁。
・拌入蛋包湯（P89）的半熟嫩蛋、以豆腐皮與
　榨菜拌成的干絲（P90）會更美味。

88

半熟嫩蛋漂浮在淺色湯汁上，風味調性淡雅，
與滋味強烈的乾麵相得益彰。
將半熟嫩蛋放在乾麵上刺破蛋黃，
流出的蛋黃會讓麵條滋味更圓潤。

蛋包湯

材料（2〜3人份）

雞蛋 ── 依人數決定（1人份1顆）

排骨 ── 約125g

水 ── 約700ml

A（事先放入碗中的1人份調味料）

醬油 ── 1〜2小匙

鹽 ── 1小撮

芹菜、青蔥（皆切成末） ── 依個人喜好

小撇步

運用中華料理
調味料（豬骨
高湯粉）製作
會更輕鬆！

作法

①起一鍋滾水後，倒入排骨燉煮約40分鐘。

②在準備裝湯的碗裡，先放入A所有的調味料。

③將蛋打入沸騰中的湯裡，製作出半熟嫩蛋。

④將湯與半熟嫩蛋倒入②的碗中。

Tips ・放進排骨後所有肉都可以泡到水的水量最適當，此外也必須依
鍋子的大小調節水量。

・高湯也可以拌進干絲（P90）中使用。

・覺得豬肉味道太腥時，煮之前先用水清洗乾淨，煮的時候再倒
入些許料理酒即可去腥。

豆腐皮、榨菜、麻油、醬油這個組合沒有不好吃的道理，
這是道極富台灣風味的小菜，
不僅可以搭配乾麵，配粥一起吃也很棒。

干絲

材料（1～2人份）
豆干（如果沒有，全部用豆腐皮也無妨）— 約60g
豆腐皮 — 約50g
榨菜 — 約30g
醬油 — 1小匙
麻油 — 1小匙
芹菜、青蔥（皆切成末）— 少許
排骨高湯（參照P89）— 適量

╲ 小撇步 ╱

趕時間的話不必
煮排骨高湯，可
以直接用高湯粉
製作。個人喜歡
多加一點芹菜，
吃起來更清爽！

作法
①將豆干、豆腐皮與榨菜都切成細絲。
②用排骨高湯迅速汆燙①。
③煮好的食材拌入醬油與麻油，完成後再撒上芹菜與蔥花。

Tips 豆干簡單來說就是硬豆腐，是台灣料理中常見的食材，可以煮也
可以炒，但是在日本較難買到這種食材，所以全部都用豆腐皮也
無妨。

光復市場素食包子店

凝聚蔬菜鮮美滋味的養生包子

P93 最左邊是老闆的孫女吳奕婷，她和手腳俐落的店員一起微笑合照，她的伯父則在後方埋頭調理餡料。這裡每個人的工作技術都熟練得不得了！

Info

🏠 台北市信義區光復南路419巷95號

📞（02）8780-1949

🕐 06:00～13:00
（每週一公休）

MAP P184 A

位在國父紀念館南側、台北市政府東側的大馬路—仁愛路四段，是條寬敞的四線道馬路，中央設有等距排列的高聳大王椰子樹，洋溢著南島風情。從這條路往南走進第三條小巷子，就來到當地人日常在逛的光復市場。從大馬路的井然有序轉換成為雜沓的市井氛圍。這天下著大雨，卻有很多身穿雨衣的人騎機車經過這條路，引著我來到這間散發出大量熱氣，總覺得會有很多美味食物的店，那就是「光復市場素食包子店」，也就是一律不使用葷食的包子店。

站在店裡的是一位身材纖細的女性，以及很有親和力的大姊。這位散發文青氣質的纖細女性，正是老闆的孫女吳奕婷。吳小姐告訴我，這間店是祖母在二十多年前開設的，現在由她、伯父與店員一起打理。以前店面位在附近的別處，約在六年前左右搬到現址。這裡為什麼堅持製作不使用肉類的「素食包子」呢？原來是他們家從二十一年前左右就開始關注素

光復•場素食包子

紅素包	25	全麥五穀雜糧	25	羅蔔絲包	25	花捲	15
包	25	四季豆素包	25	芝麻甜包	25	葫蘆包	25
筍包	25	客家酸菜包	25	桂花豆沙包	25	星期一休息	

TEL.87801949　　FAX.27234687　早上6:30-

A 高麗菜快滿出來的美味「高麗菜素包」。
B 陸續完成後端到店頭的包子，製作手法非常迷人。
C「桂花豆沙包」。連豆沙餡的甜包子也相當美味！
D 依購買順序等待著包子的客人都一臉認真。這裡只
　提供外帶。
P95（上）一口氣蒸好的包子！光是看到大量的蒸
　　　　 氣，期待感就大大高漲！
P95（下）愈吃愈好吃的「雪裡紅素包」。

食的議題，結果發現這一帶沒賣素食也沒賣包子，因此誕生了這家店。此外吳小姐還表示：「蔬菜就算混在餡料中，也是一看就知道是什麼蔬菜對吧？比不知道用了什麼餡料的包子更令人安心，再加上我們堅持使用新鮮食材，吃起來很健康。」如吳小姐所述，這裡的食材確實很新鮮，同時也以極其簡單的調味與調理方式突顯食材的優質。為了避免口味太單調，店家也發揮巧思搭配各種食材，例如：木耳、香菇等。

　　正因如此，這裡的包子愈吃就愈覺美味，招牌口味「雪裡紅素包」愈咀嚼就愈清甜，令人不禁沉浸其中，甚至訝異道：「咦？葉菜類有這麼甜嗎？」爽脆的口感很順口，熱騰騰的包子皮則相當鬆軟。這裡的包子特別巨大，但是回過神卻發現已經吃完了！天哪，我真是太驚訝了，這包子怎麼會這麼好吃？難怪會有這麼多客人跑來大量購買，有位大叔騎著機車過來，買的包子甚至多到堆滿了腳踏板。或許就是「光復市場素食包子店」簡樸卻誠懇的態度，才會贏得居民長年的熱愛吧！

雪裡紅是台灣常見的醃菜，吃起來就像醃漬的青江菜、水菜或油菜。雪裡紅讓這道蔬菜包子咬起來的口感相當爽脆。

雪裡紅素包

材料（1～2人份）
＊包子的材料與作法請參照P162。
雪裡紅（作法參照P166）— 1～2株
金針菇 — 約20g
大白菜 — 1/2～1片
鹽 — 2小撮
麻油 — 少許

作法
①製作包子皮（參照P162），並趁空檔準備餡料。
②切碎金針菇後，用平底鍋煎至微焦色。
③將雪裡紅、大白菜、②倒進食物調理機中打碎。
④將鹽與麻油倒入③調味。
⑤將④的餡料包進①的包子皮中，再蒸熟（參照P162）。

╲ 小撇步 ╱
我試著用青江菜製作雪裡紅，發現味道非常相近！

高麗菜的甘甜與麻油、鹽創造出絕妙和諧的美味，
並從鬆軟的包子皮中探頭向大家打招呼。
這是款健康又百吃不厭的美味包子。

高麗菜素包

材料（1～2人份）

＊包子的材料與作法請參照P162。

高麗菜 — 1～2片

金針菇 — 約20g

黑木耳 — 1～2朵

鹽 — 2小撮

麻油 — 少許

小撇步

高麗菜的梗部
比較多時，調
味放重一點會
比較剛好。

作法

①製作包子皮（參照P162），並趁空檔準備餡料。

②用熱水將黑木耳泡軟。

③切碎金針菇後，用平底鍋煎至微焦色。

④切碎高麗菜與泡軟的黑木耳後，倒入③的金針菇後以鹽、麻油
　調味。

⑤將④的餡料包進①的包子皮中，再蒸熟（參照P162）。

周家豆腐捲

彈牙豆腐內餡的柔和麵點

P99 老闆娘李鴻雨很適合深藍色頭巾與夢幻的荷葉邊圍裙，她在店裡總是忙個不停，為實現夢想的麵點店努力奮鬥著。

Info

🏠 台北市信義區光復南路419巷106號
📞（02）2722-2729
🕐 06:00～15:00
　（售完即提早打烊）
🅜 P184 A

從前面介紹的素食包子店徒步約1分鐘，就來到同樣位在光復市場內的人氣店家「周家豆腐捲」。聽到「豆腐捲」這個名字時，我還以為是某種捲起豆腐的配菜，沒想到竟然是用麵粉製成的餅皮，裹住以炒豆腐為主的餡料，外觀看起來相當特別。造訪的這天是下雨的早晨十點半，接待我的是老闆娘李鴻雨，她正馬不停蹄地調理與招呼客人，期間也不忘揚著笑容對每個路人說聲：「哈囉～」，朝氣十足的活力令人震撼。

沒有牆壁的店面屬於半戶外形式，兩塊靠近走道的圓形大鐵板不斷地煎炒，突然老闆娘掀開鐵板上的大蓋子，映入眼簾的是大量的豆腐！老闆娘雙手執起鏟子，豪邁地炒動這些細碎的豆腐，一問之下才知道這些豆腐要炒上30分鐘，期間也必須蓋上蓋子燜燒。老闆娘撒了很多的椒鹽粉調味，光是看著在鐵板上顫抖跳動的豆腐，就令人食指大動。接著老闆娘又加入高麗菜、大白菜、冬粉炒蛋後，以餅皮包起再

A「豆腐捲」中彈牙的豆腐與蔬菜的爽脆，形成絕
　妙的對比度。

B 還沒包入餅皮中的餡料，是用豆腐、炒蛋、高麗
　菜與大白菜炒成，相當健康。

C 同樣很受歡迎的「韭菜盒」，鹹度適中的韭菜與
　清爽的餅皮堪稱最佳搭檔！

D 馬不停蹄補上剛做好的餅，同時也不斷賣出去。
　右側的蔥油餅也超級美味。

P101（上）廚房就在店裡，每個人都埋頭努力調理
　中。

P101（下）用鏟子鏘鏘鏘地豪邁炒著豆腐！

放到鐵板上煎熟即大功告成。豆腐捲的餅皮清爽又絲毫不油膩，與滋味天然的食材相得益彰。這份看起來清爽的料理，其實極富飽足感，不少客人來這裡都是一次買個兩、三塊。

　　老闆娘李小姐是中國黑龍江省人，那裡很接近俄羅斯，氣候嚴寒又盛產麵食，因此老闆娘自幼就是吃麵食長大的。現在店裡供應的料理，就是以她熟悉的童年滋味為基礎，尺寸縮減並且稍加改良而成。在這樣的背景之

下，這些麵食類的滋味與作法可以說是早已深入老闆娘的料理精神裡。老闆娘原本是在自助餐店工作，但是她一直夢想著能開一間麵食店，販賣懷念的家鄉味，於是便在七年前創業。順道一提，因為老闆娘的先生姓周，所以才會將店名取為「周家」。周先生負責外送，連採訪過程中也是一回來就馬上帶著商品出門，期間客潮不斷，讓老闆娘與員工們不得不火力全開。此外，我也非常推薦蔥油餅這道料理。

好像日本「烤餅」的麵食，裡面包著炒熟的豆腐，看起來份量不多，吃起來卻很有飽足感，能夠為空腹填滿能量。另外可以依個人喜好沾醬油膏或甜辣醬。

小撇步

老闆娘的經驗之談：「蔬菜要徹底去除水分後再使用喔！」

● 周家豆腐捲

豆腐捲

材料（1～2個份）

＊餅皮的材料與作法請參照P156。

木綿豆腐（板豆腐）— 1/4塊
雞蛋 — 1/2～1顆
高麗菜 — 1/2片
大白菜 — 1/2片
冬粉 — 5～8條
鹽 — 略少於1/2小匙
胡椒粉 — 依個人喜好
麻油 — 1/2～1小匙
香菜 — 依個人喜好

作法

①製作餅皮（參照P156），趁醒麵時準備餡料。清洗蔬菜後請確實擦乾水分。

②用廚房紙巾包起豆腐，再壓上重石靜置一下瀝乾水分。另外用熱水煮軟冬粉。

③切碎高麗菜、大白菜、香菜、冬粉後，拌入1小撮鹽和少許麻油。

④將麻油倒入預熱好的平底鍋中，再將打好的蛋液倒進去炒熟。

⑤將豆腐切成1～2cm見方後，放入已經倒油的平底鍋中，仔細炒至表面呈焦色。豆腐上色後就添加椒鹽粉調味，接著不斷拌炒豆腐並用鍋鏟切碎。

⑥將蔬菜、冬粉、炒蛋與豆腐拌在一起後，餡料即大功告成，最後再用餅皮包起後煎熟即可（參照P159）。

韭菜與炒蛋的調味都只有麻油與鹽，美味度卻很驚人，不，應該要說正因調味簡單才更突顯這份美味！此外超有彈性的冬粉若隱若現，讓整體口感更上一層樓。

韭菜盒

材料（1～2人份）

＊餅皮的材料與作法請參照P156。

韭菜 ── 4～5支

雞蛋 ── 1/2～1顆

冬粉 ── 5～8條

鹽 ── 略少於1/2小匙

麻油 ── 1/2～1小匙

╲ 小撇步 ╱

口味比較重的人，可以在將餡料包入餅皮中時添加鹹梅。

作法

①製作餅皮（參照P156），趁醒麵時準備餡料。先將韭菜清洗乾淨後，請確實擦乾水分備用。

②用熱水煮軟冬粉。

③隨意切碎韭菜與冬粉，再拌入1小撮鹽和少許麻油。

④將麻油倒入預熱好的平底鍋中，再將打好的蛋液倒進去炒熟。

⑤將韭菜、冬粉、炒蛋拌在一起後，餡料即大功告成，最後再用餅皮包起後煎熟即可（參照P156）。

陳根找茶

蜂蜜閃閃發光的法式吐司

P105 右邊為老闆陳根先生，左邊是兒子陳柏融先生。儘管我臨時更動採訪時間，他們仍親切招待我。他們掛在臉上的溫柔笑容，與店內溫暖的氛圍互相輝映。

> ╲ **Info** ╱
>
> 🏠 台北市信義區莊敬路391巷7號
> 📞（02）2725-3696
> 🕐 06:00～12:30（週六、日為06:30～13:00）（每週一公休）
> 🅼 P184 A

　　這間店名奇怪的早餐店「陳根找茶」（意思是陳根先生找大家喝茶），讓我一直很感興趣。不僅在台灣時尚雜誌的早餐特輯可以看見「陳根找茶」的身影，在部落客間的評價也極高，上網搜尋「美味早餐店」時也會一再出現。但是「陳根找茶」離台北市中心有一段距離，讓始終找不到機會造訪的我暗暗焦急。所以當我決定這次要採訪「陳根找茶」時，內心就一直暗自期待採訪日的到來，沒想到竟然面臨重

大危機—採訪當天可能有颱風直撲而來！光是焦急沒用，於是我詢問店家：「我是否能夠馬上過去拜訪呢？」結果店家爽快地答應了，藉此我就感受到店家有多麼親切了。店家願意讓我提前採訪真是萬幸，這天是早上十一點半，店裡坐滿了較晚吃早餐的人，以及較早吃午餐的人。

　　迎接我的是穿著搶眼的鮮豔T恤、掛著柔和笑容的老闆陳根先生，以及一身時下年輕人打扮的兒子陳柏融先生。原來「陳根」這

A 在奶茶中添加了大量芝麻的「芝麻奶茶」，是相當養生的飲品。
B 夾了起司、火腿、鮪魚與荷包蛋的熱壓三明治「乳火魚蛋」也很美味。
C 完成的熱壓三明治與法式吐司，都會切成適合一口食用的尺寸。
D 善用上一間店鋪內裝的陳設，都是陳根先生自己發想的成果。
P107（上） 正在鐵板上煎的吐司令人垂涎三尺。
P107（下） 閃耀著蜂蜜光芒的「法乳火」，是夾著火腿與起司的法式吐司。

個店名，就源自於老闆的名字啊！我問老闆為什麼要這樣取名時，他說：「這樣很有趣，令人印象深刻，對吧？」以淺粉紅色、黃色、圓角櫃子等組成的夢幻空間，據說是直接沿用上一家店留下的內裝，但是暖洋洋的可愛氛圍與陳根先生的魅力非常契合。

這間店的招牌菜單是夾著火腿或是起司的法式吐司—先用鐵板煎熱泡過蛋液的吐司後，再夾上火腿與起司，最後淋上大量的蜂蜜，就成了閃亮耀眼的「法乳火」。溼潤的麵包口感、火腿起司的鹹味與蜂蜜的溫和甘甜，交織出了超乎想像的美味三重奏。切成方便一口食用的尺寸後，用筷子夾起來一小塊一小塊地吃，也是台式料理特有的樂趣。另外還備有正統的熱壓三明治等豐富的餐點，連店家親手調製的原創飲品也很受歡迎。

陳根先生創設這間早餐店至今已經23年了，原本供應的都是一般常見的早餐餐點，雖然這樣也不錯，但是類似的早餐店太多了，陳根先生想賣點不一樣的，所以就開發出了這款法式吐司。法乳火推出至今10年，目前已經成為吸引饕客專門前去品嚐的招牌餐點。

鬆軟濕潤的法式吐司，與融化牽絲的起司、火腿堪稱極品組合。讓吐司閃耀著光芒的蜂蜜，美得讓這道法式吐司成為令人怦然心動的美食。

陳根找茶

法乳火

材料（1人份）

吐司（20mm厚）— 2片
雞蛋 — 1顆
切達起司 — 1～2片
火腿 — 1～2片
蜂蜜 — 依個人喜好

奶油 — 依個人喜好
沙拉油 — 少許

> **小撇步**
>
> 美味關鍵是大量的蜂蜜！蜂蜜與起司、火腿的鹹味相得益彰。

作法

①將吐司切掉吐司邊，同時把蛋打均勻。

②將吐司泡在蛋液中充分吸收，期間預熱平底鍋備用。

③平底鍋預熱完成後倒入沙拉油，並將吐司煎至兩面均呈輕微的焦色。

④將奶油放入平底鍋中，再進一步煎熟吐司的單面。

⑤將沾了奶油的這一側朝內，覆上起司與火腿後蓋上另外一片吐司，最後淋上蜂蜜即大功告成。

Tips
· 將打好的蛋液倒進調理盤或一般盤子裡，讓整片吐司泡進蛋液裡，用起來會更順手。
· 單面沾上奶油可稍微增加濃醇口感，這是老闆的堅持。

扶旺號

從夜市起家的鐵板燒吐司

P111 店員大集合！穿著黑色制服的主廚，與穿著黃T恤的內場員工儘管服裝不同，努力工作的態度卻是一致的，每個人都散發出迷人的氣息。

Info

- 台北市大安區復興南路一段133-2號
- （02）2771-5736
- 07:00～16:00（週五、六、日營業至19:00）（每個月最後一個星期二公休）
  ※台北市還有其它分店。
- www.fullwant.com.tw
- MAP 地圖P184 A

「扶旺號」隸屬的集團旗下，有鐵板燒餐廳、粥店等五個品牌，聽起來是規模相當大的連鎖店，想必店裡擺滿了時尚且整齊劃一的商品，事實卻非如此。扶旺號最早是夜市攤販，創業者夫婦於距今30年前，在台北的美食聚集地的寧夏夜市創立鐵板燒攤，經過努力不懈的經營才發展成店面。由第二代潘威達先生接棒後，更是進一步成長至現在的規模。因此「扶旺號」擁有從鐵板燒攤時期延續至今的堅持，那就是「融合鐵板、嚴選食材與創意，供應新型態的早餐」。順道一提，扶旺號的店名源自於第一代老闆潘扶旺先生的名字。

以木紋與黑色為基調的店頭，配置著醒目的黃色LOGO，還有店裡引以為傲的大鐵板坐鎮。店家接到訂單後，會以華麗的手法在鐵板上調理食材，我路過時不經意看到廚師認真調理的模樣，同時又有香氣撲面而來，讓我不由自主停下腳步。這裡從肉、蔬菜到麵包都是以鐵板燒的方式調理，每一份餐點都充滿了台灣味之餘，也透過鐵板開創出「扶旺號」特有的美味。

其中最讓人驚艷的就是「燒

A 後方為「燒麻糬熱壓吐司」，前方為「搖滾香蕉熱壓
　吐司」，兩者都屬於甜點。

B 以油花偏多的肉與偏甜醬油製作的「燒雪花牛吐司」
　超美味！

C「奶油煉乳吐司」以奶油、砂糖、煉乳三要素演繹出
　樸實的好滋味。

D 包有馬鈴薯沙拉起司的「馬令其蛋捲餅」，這樣的食
　材組合是不可能不好吃的。

P113（上） 在大鐵板上煎著嚴選食材，是從30年前持續
　　　　　 至今的堅持。

P113（下） 廚房井然有序又乾淨，連包裝紙都好可愛。

麻糬熱壓吐司」—餡料竟然就是麻糬！這裡的麻糬除了中間包有甜甜的花生粉外，還搭配了濃醇的花生醬，是非常完美的組合，由此也可以看出喜愛麻糬的台灣特色。這種大福（日式麻糬）型的麻糬與香脆的吐司，儼然就是新型態的甜點。其它還有用蛋餅皮製成的捲餅（例如：馬鈴薯沙拉內餡、蚵仔煎內餡）與正餐型三明治（例如：大方使用優質牛肉的雪花牛三明治）等。每一道都讓人食指大動，讓人不禁抱怨起自己的胃容量不夠大。現在「扶旺號」在台北市內有6間分店，我造訪的復興店就在遠東

SOGO後面，從捷運忠孝復興站下車很快就可以抵達。這裡的客群相當廣泛，從上班族到一般年輕人都有，我造訪時已經是下午一點半了，但是客人仍絡繹不絕，店頭還有穿著正式套裝的上班族男女，以及兩名似乎是趁午休時間來買的女性在等待餐點。「扶旺號」復興店的內用空間在地下室，在此品嚐現做美食也是一大享受。我到達地下室時看到一群年輕人正熱烈著談笑吃喝，找到位置坐下後就趕緊享用熱騰騰的吐司，同時也對這間積極推出新嘗試的店家產生無比期待。

煉乳＋砂糖！這個簡單又超甜的組合，雖然樸素卻絕對不會出錯。偏薄的吐司咬起來更酥脆，內層又充滿煉乳與奶油，口感相當溼潤。

奶油煉乳吐司

材料（1人份）
吐司（15mm厚）— 2片
奶油 — 依個人喜好
煉乳 — 依個人喜好
砂糖 — 依個人喜好

作法
①用烤吐司機烤熱吐司。
②取烤好的吐司單面塗上奶油。
③塗有奶油的這一面再抹上大量煉乳，另外一片則撒上少許砂糖。
④將塗有煉乳那一面與撒上砂糖那一面蓋在一起即大功告成。

> **小撇步**
> 吐司烤脆一點比較好吃。

「熱壓吐司的內餡竟然是大福！？竟然有這樣的搭配？」
這是讓人有些訝異的美味組合，香酥吐司中藏著暖呼呼的大福，
簡直就是創新的和風甜點！

燒麻糬熱壓吐司

小撇步
用便利商店或超市販賣的便宜大福就很好吃了。

材料（1人份）
吐司（15mm厚）— 2片
迷你大福 — 2顆
花生醬 — 依個人喜好

作法
①將吐司切掉吐司邊後，兩片均於單面塗上大量花生醬。
②將大福擺在其中一片吐司的花生醬上面後，用另一片吐司夾
　起。
③用熱壓吐司機烤過後即大功告成。

・店裡的大福內餡是花生粉不是豆沙，各位可以依個人喜好選擇
　大福的口味。
・店裡用的是專用的大顆大福，在家製作時，用兩顆小的加熱起
　來會比使用一顆大的還要均勻。

重慶豆漿

在黑夜裡閃耀的炸蛋餅

Info

🏠 台北市大同區重慶北路三段335巷32號

📞（02）2585-1096

🕐 05:30～11:30（週六、日營業至13:00）（每週三公休）

MAP P185 D

天空還是藏青色，現在是太陽還未露面的秋季早晨五點半，只有少少的路燈照亮著台北市街，在祭祀學問之神的「孔廟」與祈求健康的「大龍峒保安宮」的西北側，有條小店連綿的街道，這裡幾乎看不見人車的蹤影，就連附近總是一早就很熱鬧的當地市場—大龍市場也靜悄悄的。就在這萬籟俱寂的時間，我看見了一間燈火通明的店家，那就是早餐店「重慶豆漿」。「重慶豆漿」從清晨五點開始營業，這個時候店裡的餐點都已經準備齊全了。我稍微觀察了一下，發現儘管天還沒亮，店裡卻已經有不少客人了，有徒步來的、騎自行車來的、騎機車來的，也有人在店頭迅速選完餐點後外帶的。從人人都習以為常的動作中，可以感受到這已經是重慶豆漿的日常景色了。

我觀察完畢後便決定踏進店裡，招呼我的是位頂著親切笑容的大叔，他正是第二代老闆程旭聰先生。這間店是程老闆的父親於40年前左右創設的，20年前左

A「豆漿」不用多說一定好喝，用米與花生磨成的濃
　醇甜「米漿」也很棒！

B 同樣大受好評的「飯糰」，雖然很巨大，但是豐富
　的餡料讓人不禁一口接一口。

C 這裡的鹹豆漿是用「鹽」調味，事先告知的話店家
　會幫忙加入辣油。

D 老闆程先生就在座位旁邊俐落地擀著蛋餅皮，展現
　出精湛的技術。

P119（上）在昏暗的市街中獨自明亮的店面，客人們
　　　　　也都很早就上門！

P119（下）「炸蛋餅」的口感相當酥脆，菜脯的鹹味
　　　　　則是畫龍點睛的美味亮點。

● 重慶豆漿

右由程老闆繼承了這家店的滋味與餐點。重慶豆漿的店內比我預料的還要寬敞，座位相當充足，另外還有以ㄇ字型圍繞座位的調理空間，好幾名店員正手腳俐落地忙碌著。我聽見屋簷附近傳來油炸的聲音，身旁有人正揉著麵糰，後方則有人開關冰箱，滿室洋溢著美食不斷完成的氣氛，讓我期待不已。

這裡有許多台灣早餐必備的料理，有豆漿、餅類、飯糰等，每一項都是從上一代老闆開始依客人反應慢慢改良至今的精華口味。此外這裡也有賣「炸蛋餅」，真令人開心。據說炸蛋餅在台灣已經相當罕見了，雖然是正統的古早味卻很難找到，在這裡偶遇炸蛋餅的蹤跡，喜悅感更是加倍。這裡的炸蛋餅連餅皮都加了雞蛋與蔥花，蔥花不僅只用鹽調味而已，還搭配豬油與胡椒；內餡則為炸荷包蛋，以及台灣特有的醃漬白蘿蔔「菜脯」。炸蛋餅本身的調味就很足，直接吃就無敵美味了，而店家自製的豆漿、米與花生磨成的米漿，也都是炸蛋餅的好搭檔。傳統早餐店必備的巨大台式飯糰與鹹豆漿也相當美味，一回過神來才發現天亮了呢！

這間店的蛋餅經過油炸，酥脆的餅皮口感絕佳。包在裡面的炸荷包蛋與菜脯，鹹鹹的滋味令人食慾大開。吃炸蛋餅時非常適合來一杯豆漿。

炸蛋餅

材料（1人份）

＊蛋餅皮材料與作法請參照P150。

榨菜 — 1湯匙　　　胡椒 — 少許

雞蛋 — 1顆　　　　沙拉油 — 適量

鹽 — 少許

餅皮用料（豬油 — 少許、胡椒 — 少許、雞蛋 — 1顆）

> **小撇步**
>
> 以椒鹽粉調味就很夠味，所以不用另外沾調味醬也很好吃。

作法

①製作蛋餅皮（參照P150）。這間店的蛋餅皮添加了豬油、胡椒與雞蛋，因此在揉麵糰的時候就必須加入雞蛋，並依P150的步驟⑤拌入蔥花的時候加入豬油與胡椒。

②趁醒麵的時候切碎榨菜。

③將沙拉油倒進平底鍋裡直至1cm高，然後開火加熱。

④放入蛋餅皮後炸至微微變色後翻面，接著打蛋進去炸荷包蛋。

⑤餅皮微微上色後，便依序覆上荷包蛋與②的榨菜，撒上椒鹽粉。

⑥將蛋餅捲成兩折或三折，並繼續炸到表面變成褐色。瀝油後切成方便食用的大小即大功告成。

小撇步

沒有油條的話，可以用天婦羅或炸麩代替，或是將切下的吐司邊拿去油炸也行。

...大的橢圓形飯糰，是台灣飯糰特有的形狀，內餡則依店家而...，有油條、雞蛋、漬物等，請把自己喜歡的食材都包進去吧！

飯糰

材料（1人份）

糯米 — 1～1.5飯碗　　　油條（作法請參照P152）— 飯糰尺寸1條

榨菜 — 1湯匙　　　　　鹽、胡椒 — 依個人喜好

肉鬆 — 1湯匙　　　　　沙拉油 — 適量

雞蛋 — 1顆

作法

①將糯米洗乾淨後浸泡一晚，隔天直接拿去蒸熟。

②切碎榨菜，油條則切成與飯糰相同的長度。

③將沙拉油倒入平底鍋後，開始炸荷包蛋，並用椒鹽粉調味。

④裁一張尺寸偏大的保鮮膜，鋪在薄布上面後，再將煮好的糯米飯攤平在保鮮膜上薄薄一層（A）。

⑤依榨菜、肉鬆、油條、荷包蛋的順序擺上後，連同薄布一起握住後捲起。

⑥飯量不夠時就從上側補足，必須完全包住餡料才行（B）。

A

B

(Tips) 用一般的煎荷包蛋代替炸荷包蛋也沒問題。糯米飯煮成硬一點的狀態會比較好塑形。

這裡的鹹豆漿沒有加醬油，僅用鹽與食材的鮮味創造美味。放入的鹽量會左右成品的滋味，所以請從少量開始嘗試，或是尋找品質好的鹹梅試試看。

小撇步
不添加醬油可以直接感受到豆漿的風味。

● 重慶豆漿

鹹豆漿

材料（1人份／1碗份）

豆漿 — 180～200ml

榨菜 — 滿滿的1/2～1小匙

肉鬆 — 1小匙

切好的油條（作法請參照P152） — 3～4塊

青蔥（蔥花） — 依個人喜好

鹽 — 3小撮

醋 — 1～1.5小匙

麻油 — 少許

辣油 — 依個人喜好

作法

①切碎榨菜後，將油條切成2cm寬。

②用小火加熱豆漿，過程中要避免豆漿溢出。

③加熱豆漿的同時，將其它食材放進碗中，放入順序為肉鬆、榨菜、鹽、油條、蔥花、醋、麻油。

④豆漿的溫度夠熱之後，就倒入③的碗內，並依個人喜好淋上辣油即大功告成。

Tips 替代食材與其它搭配吃法請參照P136。

可蜜達炭烤吐司 Comida

肉類╳甜蜜的絕妙品味

P125 左側為老闆娘余明樺，右側為店員邱孶，老闆娘對她的評語是「很值得信賴，店裡所有事情都可以交給她」。老闆娘的先生則一直忙得離不開廚房！

＼ Info ／

🏠 台北市中山區林森北路310巷24號

📞（02）2523-5323

🕐 07:00〜售完即提早打烊（週六、日營業至12:00）（每週一、二公休）

MAP P185 B

　　「可蜜達 Comida」在愛好台灣的旅人之間聲名遠播，是喜歡三明治早餐店的人一定得造訪一次的人氣早餐店。我看到「Comida」這個店名時猜想可能是日文，經過老闆娘余明樺解釋後才知道是西班牙文中「食物」的意思，她笑笑地告訴我：「我喜歡西班牙，所以就取了這個名字。」

　　「可蜜達 Comida」於 2015 年 4 月 1 日開張，老闆娘原本經營的是麻油雞攤，但是她很喜歡麵包，一直都夢想可以開一間早餐店，某天突然看見頂讓的廣告，便轉型成現在這家早餐店了。「可蜜達 Comida」位在捷運中山站附近，這裡既是繁華商圈又是商業區，從林森北路往西前進後，就可以看見位在路邊大廈一樓的「可蜜達 Comida」，旁邊則是有許多日本人居住的公寓，地段相當方便。老闆娘的先生陳佑瑝先生是名廚師，因此廚房的工作便由他負責，老闆娘則負責外場接待，其他還有數名員工一起待在廚房工作，總是忙得不得了。

　　這裡的餐點主要是以炭烤吐司製成的三明治，食材中的

A 老闆娘私心大愛的「白起士法式吐司」，是很受歡迎的隱藏版餐點。

B 招牌上寫著「手工現做，每日限量」的標語。

C 建議搭配一杯「炭燒甘蔗紅茶」，可以嚐到蔗糖的甘甜，相當美味。

D 點餐時先填寫擺在店門口的點餐單，再交給老闆娘即可。

P127（上）正在等餐的客人與內用的客人，照片前方是隔壁的咖啡廳。

P127（下）「可可起士豬肉荷包蛋吐司」是巧克力 × 豬肉 × 雞蛋 × 起士的美味組合！

「豬肉」是從市場採購的，會以醬油、冰糖、檸檬汁、麻油與米酒醃漬一晚，因此甘甜中帶有微微的酸味，相當好吃。另外還有「可可起士豬肉荷包蛋吐司」，裡面夾的是豬肉、荷包蛋、起司與巧克力醬，雖然嚐起來甜甜的，卻又很適合當成正餐享用，讓我對店家的食材搭配巧思佩服不已。抹在吐司上的美乃滋是店家以檸檬汁、砂糖、沙拉油與雞蛋自製的，飲品完全不添加砂糖，使用的是從彰化農園採購的蔗糖，由此可以看出店家對天然食材的選擇費盡心思。另外還有沒列在菜單上的「隱藏版菜單」，那就是老闆娘在家常吃的濃醇起司法式吐司。

我是在平日的9點過後前往採訪的，以早餐時間來說偏晚，但是店前騎樓下的座位卻總是坐滿。內用客人以女性居多，外帶客人則多了許多男性上班族，有位穿著合身襯衫的型男不僅坐在店裡內用，還加點了外帶餐點，另外還有外國女性觀光客現身，種種跡象都顯示著令不可思議的高人氣。

127

豬肉與起司夾在塗有巧克力醬的吐司，這種甜鹹的搭配法非常有台灣風味。豬肉本身也是甜中帶有檸檬汁的酸味，散發出微微的清爽感。

● 可蜜達 Comida 炭烤吐司

可可起士豬肉荷包蛋吐司

材料（1人份）

吐司（20mm厚）— 2片
豬肉（薑燒用）— 2片
切達起司 — 1片
雞蛋 — 1顆
沙拉油 — 少許
巧克力醬 — 依個人喜好
台式美乃滋 — 依個人喜好

A ———
醬油 — 1/2小匙
冰糖 — 1～2顆
檸檬汁 — 1～2小匙
麻油 — 略少於1/2小匙
米酒（其它料理酒也行）— 1/2小匙

作法

①將豬肉與A的調味料裝進塑膠袋後搓揉，再放進冰箱冷藏靜置一晚。

②將吐司切掉吐司邊後，用烤箱烤到出現輕微焦痕。趁空檔將沙拉油倒進預熱過的平底鍋，然後煎熟①。

③豬肉煎好後就可以開始煎荷包蛋。

④取一片烤好的吐司，單面塗上台式美乃滋，另外一片則單面塗上巧克力醬，接著依序將豬肉、起司、荷包蛋擺在巧克力醬上，再以美乃滋面朝內的方式蓋上另一片吐司即大功告成。

雖然看起來熱量很高，但是濃醇的甜味與美味具有醒腦的效果，一吃就會上癮。一口吐司一口黑咖啡，更是美味倍增。

白起士法式吐司

材料（1人份）

吐司（20mm厚）— 2片

起司 — 1片

雞蛋 — 1顆

豆漿 — 依個人喜好

煉乳 — 依個人喜好

沙拉油 — 少許

小撇步

不要怕、不要猶豫，淋上大量的煉乳就對了！這樣的甘甜令人陶醉。

作法

①將少許豆漿倒入打好的蛋液中，接著將切掉邊邊的吐司放進蛋液中浸泡。

②將沙拉油倒進預熱過的平底鍋，再放入①，煎至雙面均呈焦色。

③將起司夾進煎好的吐司後切成三塊。

④盛盤後淋上大量的煉乳。

Tips　·豆漿用量依個人喜好而定，不加只用蛋液也很好吃。
　　　·吐司的餘熱就足以讓起司融化了。

和記豆漿店

魔法燒餅

P131 老闆陳先生，他與妻女一起在店裡忙進忙出，平常態度相當嚴肅，但是請他面對鏡頭時，轉過來卻出乎預料地比了個YA！這一瞬間根本是奇蹟，太感謝了！

Info

🏠 台北市信義區和平東路三段463巷2-2號（捷運麟光站附近）

📞（02）2733-5473

🕐 07:00～11:30（每週三公休）

🗺 P185 H

這裡的餐點太好吃了，好吃到讓我不知道自己身在何方。看起來鬆鬆軟軟的、咬起來很酥脆、恰到好處的鹹味，以及接觸舌尖時的彈性口感，還有這等厚度！這真的是燒餅嗎？充滿震撼力的燒餅滋味，讓我不禁浮現這樣的疑問，甚至讓我忍不住在離開前又外帶了一份。這種宛如奇蹟般存在的魔法燒餅，就出現在「和記豆漿店」裡。

「和記豆漿店」位在台北市中心的東南側，稍微偏離了最熱鬧的區域，附近的捷運站是鮮少耳聞的「麟光站」。一踏出捷運站就可以看見遠方的招牌，就算採訪當天陰雨綿綿，店門口仍大排長龍。雖然我是透過當地美食媒體知道這家店的，不過店家也表示他們很少接到採訪邀約，儘管我已經事前聯絡過店家的女兒了，還是不免感到緊張，於是便從旁靜待隊伍縮短後才上門。

老闆陳先生給人的第一印象是「嚴肅的職人」，他在店內的長型作業檯旁揉著麵糰，靈活地將捏成形的麵糰擺到店頭的桶狀烤爐。每次陳先生翻動燒餅麵

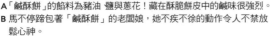

A「鹹酥餅」的餡料為豬油、鹽與蔥花！藏在酥脆餅皮中的鹹味很強烈。
B 馬不停蹄包著「鹹酥餅」的老闆娘，她不疾不徐的動作令人不禁放鬆心神。
C 燒餅的好夥伴就是「鹹豆漿」，此外與微甜的一般豆漿同樣很搭。
D 店家是朝著馬路的開放式店面，就連雨天客人也絡繹不絕。
P133（上）桶狀烤爐使用的是炭火，剛烤好的「燒餅」都擺在邊緣，加蔥花則是這間店的特色。
P133（下）老闆陳先生正在製作燒餅，就是這個柔軟感令人欲罷不能！

糰時，麵糰就會微微晃動，光看就覺得很鬆軟。桶狀烤爐的下方設有風箱，似乎是藉此微調火候的裝置。老闆娘則坐在旁邊，氣定神閒地包著另一項餐點「鹹酥餅」，女兒則在另一側鏗鏗鏘鏘地舀著豆漿或是煎蛋等。

我在店裡待了一段時間後，陳老闆過來找我搭話。「製作燒餅的祕訣是什麼呢？」我如此詢問後，陳老闆答道：「憑的是經驗。」經過我一番追問後，他還是堅持：「製作燒餅時可不能輕忽！」「經驗是最重要的。」和陳先生聊著聊著，我們之間的氣氛逐漸變得輕鬆。這間店是由出身中國東北的師父創立的，原本是學徒的陳老闆繼承這家店後，將店家的歷史延伸到了40年。看見陳老闆忙中抽空回答我有些莽撞的提問，有時靜佇在店頭的模樣，我不自覺感到帥氣。我在嘗試做出各家早餐店的餐點時，只有這家店的燒餅怎麼做都還原不了。所以請各位以輕鬆的心情在家享用自製燒餅後，也務必找機會親自前往本店，和當地人一起靜靜排隊購買，品嚐這還原不了的魔法滋味，相信各位一定會同意我的看法。

燒餅夾蛋是早餐店的經典菜單。我不管嘗試幾次，都做不出類似「和記豆漿店」的燒餅，讓我邊品嚐這份燒餅回憶當時的美味同時，欽佩起老闆的職人技術。

燒餅夾蛋

材料（1人份）

＊燒餅的材料與作法請參照P154。

雞蛋 ― 1顆

青蔥（蔥花） ― 依個人喜好

鹽 ― 依個人喜好

沙拉油 ― 少許

作法

①製作燒餅（參照P154），趁醒麵的時候打蛋，並撒入蔥花與鹽後攪拌均勻。

②將沙拉油倒進平底鍋中，開始煎加了蔥花與鹽的蛋液。

③打開烤好的燒餅後，夾入②的煎蛋。

＼ 小撇步 ／
最後再用烤箱稍微烤一下會更香脆。

餡料中的豬油經過烘烤後會融化，只剩下濃醇滋味與鹹味，
與蔥花一起交織出絕妙美味。這塊鹹酥餅比起主食，更適合當成副菜。

鹹酥餅

材料（1人份）
＊餅皮的材料與作法請參照P154。

豬油 ── 1～2小匙
鹽 ── 依個人喜好
青蔥（蔥花）── 依個人喜好

── 小撇步 ──
豬油裡的鹽放多
一點，才能夠在
烘烤後留下明顯
的味道，比較好
吃。

作法
①製作餅皮（參照P154）。
②將豬油與鹽拌在一起，建議從少量開始嘗試，找出符合個人口
　味的鹹度。
③將豬油與鹽拌成的半固態餡料擺在餅皮上，接著擺上大量的蔥
　花，包起後再烤（參照P158）。

Tips 店裡的鹹酥餅和派的口感一樣酥脆，但是製作的困難度相當高，
　　　最後成品比較像日本的烤餅一樣。

鹹豆漿的配料
五花八門！

　　談到台灣早餐的經典菜單，絕對不能錯過「鹹豆漿」。一般鹹豆漿就是以熱騰騰的豆漿搭配醬油、醋、蝦米、漬物、蔥花與油條等，不過實際用料依店家而異。學店家的配方組合出來的鹹豆漿當然好喝，不過偶爾冒險一下也不錯。家裡沒有什麼材料時，就用其它現成的食材代替，嫌製作油條太麻煩時，也可以用麵包代替，讓鹹豆漿的製作過程更加輕鬆。

鹹豆漿的吃法組合

★上方照片由左上開始順時鐘依序為榨菜、鮪魚罐頭、鮭魚鬆、吻仔魚與筍乾，試著將這些食材放進鹹豆漿裡試試看喔！榨菜不用說一定好吃，鮪魚罐頭雖然油了一點但也不錯，鮭魚鬆則稍嫌太腥？吻仔魚跟筍乾都很適合。

★沒有油條的話，可以用烤箱將法式長棍麵包、炸吐司邊等烤得酥脆後取代，製作出的鹹豆漿同樣相當道地，此外麵包丁或許也是不錯的選項。

羅媽媽米粉湯

羅媽媽的道地米粉

P139 老闆娘羅游粉妹，臉上的花樣笑容不輸衣服上的花卉圖案！這天碰巧遇到電視節目前來採訪，由此可看出羅媽媽米粉湯多麼受歡迎。

Info

🏠 台北市中正區信義路二段87號（東門市場新館17號）

📞（02）2351-3352

🕐 07:00～15:30（每週一公休）

MAP P185 G

「羅媽媽米粉湯」是由今年85歲的羅媽媽—羅游粉妹開設的店，羅媽媽現在仍在店裡努力工作著，看到她那開朗的花樣笑容，內心就會跟著暖洋洋的。羅媽媽是來自新竹的客家人，那裡是知名的米粉產地。她的老家是務農人家，因此她原本是在家幫忙割稻，但是40年前羅媽媽的公公在台北開設藥局，她上門造訪時看見藥局對面的店面正在招租，所以便考慮在此開一家店，而這間店就位在東門市場的一角。

店名中的米粉湯，湯頭是用豬肉、豬骨與內臟等數個部位熬煮而成，食材的新鮮程度與事前準備的工夫，都藉著這凝聚豬肉鮮味的湯頭展現出來，畢竟這裡可是位處東門市場，附近到處都是肉販，能夠輕易採購新鮮食材。一早踏進市場中的小巷子，來到這個混凝土空間時，可以看見店員們正以驚人的速度，仔細處理著今天要用的食材，由此即可看出事前準備所需要的熟練技術。

此外自製油蔥酥裡也充滿了

A 桌上擺有各式各樣的調味料，可以依個人喜好自行添加。
B 用相同湯頭煮成的「油豆腐」，也是客人們常點的料理。
C 仔細炸過的油蔥酥。羅媽媽工作時偶爾會哼著日文民謠。
D 歷經歲月風霜的市場氣氛也很迷人。這個市場座落著許多
　我很喜歡的店。
P141 「米粉湯」。米粉在飯碗裡隆起一座小山，當地人都習
　　　慣點一碗米粉湯後，再加點一兩盤小菜。許多老先生、
　　　老太太與年輕小姐，都一大早就在這裡大快朵頤。

● 羅媽媽米粉湯

店家的堅持，店家每週會製作兩批油蔥酥，每次都會將大量切碎的台灣紅蔥，倒進裝了許多油的大鍋子裡油炸，而且不是隨便炸一下就好，必須花20～30分鐘一邊攪拌，讓每一片紅蔥都均勻炸到，炸到快好的時候再倒入醬油—羅媽媽告訴我，這正是油蔥酥香不香的關鍵。湯頭、油蔥酥與米粉交織出的純淨滋味，讓人一下肚就慢慢地從胃暖和了起來。自行添加擺在桌上的胡椒或醋同樣很美味。其它像是油豆腐、水煮豬肉或內臟等小菜，也都不容錯過。

　　如此美味的米粉湯，並非羅媽媽向誰學來的，而是她親自不斷嘗試後改良出的味道，儘管她謙虛地說：「我是客家人，平常就常吃米粉，吃慣了當然就會做。」不過一看到店家從早上7點就坐滿客人，就知道她不知道花了多少時間去琢磨口味，才能夠獲得這麼熱烈的支持。羅媽媽開店至今已經40年，店鋪在市場中的攤位也從一格拓展到三格。「只要認真就辦得到。」羅媽媽掛在嘴邊的這句話，與美好的滋味、開朗的笑容一起深深烙印在我的腦海裡。

米粉所搭配的湯頭，是以經過仔細處理後的豬肉、
豬骨與內臟燉煮而成的，堪稱豬肉鮮味的精華。
在家製作的時候，就借助高湯塊的力量享受專業滋味吧！

小撇步

看到米粉在鍋中
滾動的狀態，很
有當時在店面的
感覺！加點胡椒
會更道地。

● 羅媽媽米粉湯

米粉湯

材料（3～4人份）

米粉 ── 約150g
豬排骨 ── 約300g
水 ── 1000～1500ml
鹽 ── 2小撮

法式清湯的高湯塊 ── 1/2～1塊
油蔥酥 ── 依個人喜好
油豆腐 ── 1塊
胡椒 ── 依個人喜好

作法

①將豬排骨與水倒入鍋中熬煮。水量應完全蓋過排骨，並依鍋子
　大小做調整。一開始用大火煮沸後濾掉浮沫，接著轉小火燉煮
　20～30分鐘。

②熬湯期間，用手將米粉撕成約10㎝，再用熱水煮1～2分鐘。另
　外將油豆腐切成方便食用的大小。

③煮完①的湯頭後，添加鹽與高湯塊，最後再倒入煮軟的米粉、
　油豆腐與油蔥酥，一起煮5分鐘左右。

④依個人喜好撒上適量的胡椒粉。

 ・羅媽媽的店裡沒有使用高湯塊，湯頭的滋味完全以豬肉與內臟熬成，但
　是在家中自己煮時，要處理這麼多種肉會使困難度大增，經過試驗後，
　我發現法式清湯的高湯塊最能夠還原羅媽媽米粉湯的滋味。
・沒有油蔥酥時也可以用炸洋蔥取代。

父親的手作早餐

　　雖然很多台灣人都習慣外出吃早餐，但是也有人會選擇在家中自製，所以我這次也造訪了台北的一般家庭，採訪了這家父親的招牌麵料理。

　　這道餐點使用的是「麵線」，麵線是種本身就帶有明顯鹹味的細麵。先把麵線煮軟後，再用醬油膏、沙茶醬等調配出原創醬料，把麵線與醬料拌勻後，正是這位父親的拿手料理。這位父親的動作相當熟練，渾身散發出「做習慣」的氛圍。這碗乾麵看起來平凡無奇，將底部的醬料拌起來後試吃看看，沒想到竟然這麼美味！讓人呼嚕呼嚕地轉眼就吃到碗底朝天。「一早能夠吃到這麼美味的麵食真是太感動了！」我在明亮的客廳放鬆了心情，也想對台灣美好的早餐說聲謝謝。

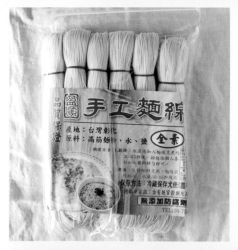

台灣超市或市場等地方很容易買到的袋裝麵線。這種麵條非常細，所以煮起來很快也是一大優點。我在餐廳或路邊攤吃到的麵線，多半搭配勾芡的柴魚風味湯，不過拌了麻油雞湯汁的麻油麵線也很棒。

調味料的材料。由左開始依序是沙茶醬（以海鮮為基底的醬料）、醬油膏、蔭油（黑豆製成的醬油）、花生油、蒜頭（切碎使用），只要將這些材料倒進容器中拌一拌即可，蔭油可依個人喜好決定是否添加。由於是乾麵，所以醬料只要夠拌勻整團麵線即可，份量完全可以依個人喜好微調！

餅類食譜大集合

蛋餅、油條、燒餅、饅頭，都是屬於台灣早餐中相當迷人的「餅類」，這邊將從各家早餐店取材的作法簡單化，進化成出居家專用的食譜。剛開始製作雖然很困難，但是熟悉之後連揉麵糰都會變得很有趣，只要不斷嘗試，覺得麵糰的柔軟手感很療癒的那一天遲早會到來！

前言

本書使用的麵粉都是用「低筋麵粉＋高筋麵粉」混合而成的。早餐店使用的幾乎都是「中筋麵粉」，但是日本超市找不太到，所以就試著用這兩種麵粉混合使用。

低筋麵粉與高筋麵粉的比例，會隨著要做的東西調整。這兩種麵粉的差異在於麩質的含量，低筋麵粉能夠打造出餅乾、天婦羅麵衣等酥脆的口感，高筋麵粉則屬於麵包、餃子皮有彈性的口感。有些麵粉包裝也會標示適合製作的品項。

拌入麵粉的水以「溫水為主」。蛋餅製作高手喜多士豆漿店的店主表示：「太燙或太冷都不行！」建議不要一口氣把水倒進去，先倒入三分之二後，再依麵糰的情況慢慢一點一點地增加，比較不會失敗。

醒麵適合20度左右的溫度，夏季或較溫暖的時候就冰在冰箱，冬天則以室溫醒麵即可。醒麵程度不足時，麵糰會偏硬難以推展開，但是也應注意不可過度發酵。

將麵糰捏成需要的形狀時，先在平台上撒些麵粉，麵糰比較不容易黏住。這時撒的麵粉就稱為「手粉」，用低筋麵粉或高筋麵粉都可以，擀麵棍也先撒些麵粉的話，就能夠讓作業更流暢。

製作餅類的麵糰時，材料用量、作業時間等須依氣溫、溼度、天氣與手溫等調整，因此，每間店的老闆都異口同聲表示：「經驗是很重要的。」實際嘗試時也發現以相同材料製作相同料理時，成品會隨著天氣與自己當下操作的狀態稍有所不同，令人訝異。此外在反覆嘗試之間也會慢慢掌握訣竅，例如：這時應多加點溫水比較好、醒麵時間要再長一點比較好，這樣的收穫也出乎我的意料。

本書盡量介紹不需要複雜器具的作法，例如：用平底鍋煎燒餅、用鍋子蒸包子與饅頭等，但是身邊有烤箱、蒸籠或電鍋等工具的時候，加以活用可以讓成品更完善，所以請務必嘗試看看喔！

餅皮基本作法

麵糰使用的材料與分量依要做的餅類而異，但是從「把溫水倒入麵粉中」至「揉麵糰」這一段的步驟幾乎相同。基本上要準備的就是低筋麵粉、高筋麵粉與溫水，中途再依要做的料理添加酵母或橄欖油等，就可以創造不同的變化，用量請參照各料理介紹頁面中的「材料」。此外醒麵這個步驟與塑形之後的各步驟也息息相關。

作法

① 將低筋麵粉與高筋麵粉倒入大碗中大致拌勻（A、B）。

② 倒入三分之二的溫水，用調理筷拌勻（C、D、E）。

③ 攪拌途中邊觀察麵糰的狀態，邊慢慢倒入溫水，一直拌到整體均勻的狀態（F、G）。

④ 拌勻後就可以開始用手揉捏，這時請以「掌心按壓」的方式反覆揉捏（H）。

⑤ 揉到麵糰變柔軟且表面光滑時，總共約需10分鐘。接著再用保鮮膜封住大碗後，進入醒麵程序，實際所需時間請參照各料理的食譜（I）。

蛋餅皮

調理範例……P76、82、120

材料（偏小的3～4片）
低筋麵粉 ─ 100g
高筋麵粉 ─ 100g
溫水 ─ 120～140ml
青蔥（蔥花）─ 依個人喜好
鹽 ─ 依個人喜好
沙拉油 ─ 適量

╲ 小撇步 ╱
P148～165所有餅類都是在10月製作，均為雨天且氣溫為7度，請參考。

作法
①～⑤請參照P148～149的步驟，用保鮮膜封住大碗後靜置4個小時，醒麵期間將鹽與蔥花拌在一起備用。
⑥將手粉撒在平台上，擺上經過醒麵程序的麵糰後，用掌心按壓使其往外延伸（A）。
⑦用擀麵棍進一步擀成餅皮，厚度請依個人喜好決定（B）。
⑧將加過鹽的蔥花均勻撒在餅皮上（C）。
⑨從其中一端捲起餅皮（D）。
⑩捲成棒狀後，再切成個人喜好的尺寸（E、F、G）。
⑪切好後將兩端捏緊（H、I）。
⑫讓捏緊的部分朝著上下，然後從上方用掌心壓扁（J、K）。
⑬用擀麵棍擀成厚度約5～8mm的尺寸（L、M）。
⑭這樣即完成蛋餅皮。如果要做炸蛋餅的話，就可以直接拿去炸（N）。
⑮要煎蛋餅時，就先在預熱的平底鍋上倒油，將兩面煎至出現輕微的焦色（O）。

 ·有些店家的麵糰會拌入雞蛋。
·蔥花除了鹽外，還可以添加胡椒或辣油。
·建議做成平底鍋容納得下的尺寸。

6 A
7 B
8 C
9 D
10 E
F
G
11 H
I
12 J
K
13 L
M
14 N
1

15

油條

調理範例……P30、77、121、122

材料（偏短的3～4條）

低筋麵粉 ― 50g

高筋麵粉 ― 60g

溫水 ― 60～70ml

酵母 ― 1/4小匙

砂糖 ― 少許

鹽 ― 少許

沙拉油 ― 適量

\小撇步/

有些店家堅持飯糰裡面要包「老油條」，也就是經過二次油炸的油條。

作法

①～⑤請參照P148～149的步驟，但是步驟①要添加的為鹽、砂糖與酵母（A）。

⑥用保鮮膜封住大碗後，醒麵3～4個小時（B）。

⑦膨脹後的麵糰。醒完的麵糰又大又柔軟（C）。

⑧將手粉撒在平台上，擺上經過醒麵程序的麵糰後用掌心壓扁，接著用擀麵棍擀至厚度為5～8mm的程度（D、E）。

⑨將擀好的麵糰切成2～3cm等寬的條狀（F、G、H）。

⑩將兩片麵糰疊在一起（I）。

⑪用筷子或刀背用力往重疊麵糰的中央壓下，以製作出油條特有的痕跡（J）。

⑫將沙拉油倒入平底鍋中開始油炸（K）。

 Tips

・麵糰的長度以平底鍋容納得下的尺寸為佳。

・用來在麵糰條壓出痕跡的工具，只要是細長狀的都行，但是太細的話會切斷麵糰，需要特別留意。

・細長的壓痕可以把麵糰黏在一起，進而形成油條獨特的形狀。有時油條炸一炸就會分開，擔心的話可以在麵糰之間沾一點水。

・平底鍋中的沙拉油以1cm高為基準，油條比較小條的話，油的用量也可以跟著減少，只要在油炸過程中翻面讓各處都炸得均勻即可。

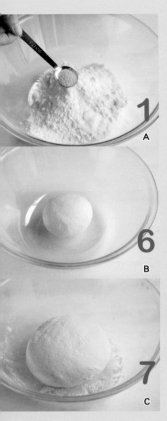

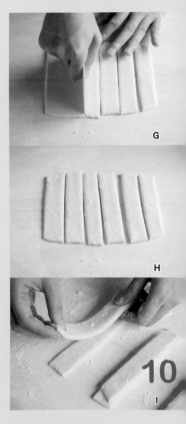

燒餅

調理範例……P28、134、135

材料（偏小的2片＋鹹酥餅1塊份）

低筋麵粉 — 30g

高筋麵粉 — 110g

溫水 — 70〜90ml

青蔥（蔥花） — 依個人喜好

鹽 — 依個人喜好

白芝麻 — 依個人喜好

沙拉油 — 適量

＼小撇步／
灑在表面的鹽多
一點比較好吃！

作法

①〜⑤請參照P148〜149的步驟，用保鮮膜封住放有麵糰的大碗，靜置30分鐘〜1個小時。趁醒麵的時候將蔥花與鹽拌在一起備用。

⑥將手粉撒在平台上，擺上經過醒麵程序的麵糰後，捏成長方形（A、B）。

⑦用擀麵棍擀成片狀，厚度依個人喜好（C）。

⑧在麵糰表面塗上一層薄薄的沙拉油（D）。

⑨將拌有鹽的蔥花鋪在麵糰的中央（E）。

⑩以包起蔥花的方式，將麵糰折成三折（F、G、H）。

⑪用擀麵棍輕輕在三折麵糰中央壓出凹痕（I、J）。

⑫在三折麵糰的表面塗滿沙拉油後，撒上鹽與白芝麻（K、L）。

⑬切成適當的尺寸，尾端這一塊先放旁邊，晚點要拿來製作鹹酥餅。當然要全部拿來煎成燒餅也沒問題（M）。

⑭將沙拉油倒進預熱過的平底鍋，蓋上鍋蓋後以小火煎熟。等餅皮表面出現焦色後，就翻面繼續煎，等兩面都出現焦色即大功告成（N）。

Tips

· 通常燒餅都是折兩折，這裡按照和記豆漿店的作法折成三折。

· 這裡做的燒餅偏厚，再壓薄一點的話，可以縮短煎的時間，比較不容易失敗，因此，建議從薄餅皮開始嘗試製作。蔥花不是每一家店都有加，可以按照個人喜好的口味決定。

· 用來做鹹酥餅的部分，不需要蔥花與白芝麻。

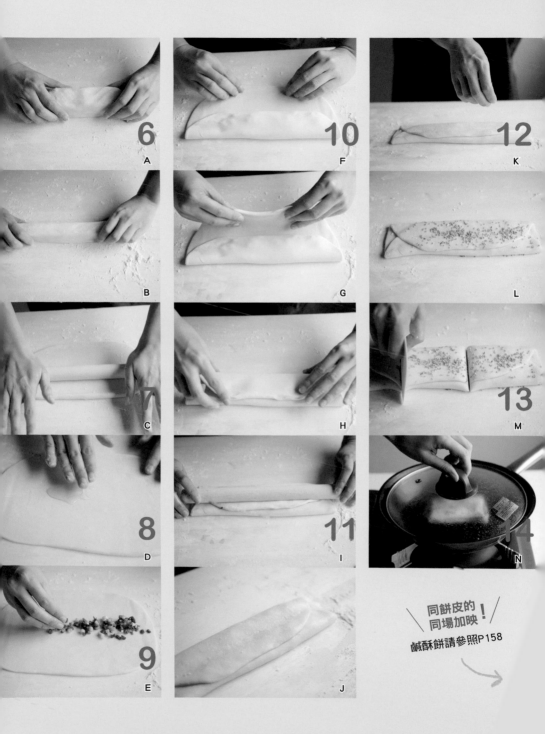

6

A

B

7

C

8

D

9

E

10

F

G

H

11

I

J

12

K

L

13

M

14

N

同餅皮的
同場加映！
鹹酥餅請參照P158

韭菜盒

調理範例……P 102、103

材料（2個份）
低筋麵粉 — 50g
高筋麵粉 — 50g
溫水 — 60〜70ml
沙拉油 — 適量
水 — 適量
＊餡料食材請參照P103。

＼ 小撇步 ／

這裡製作的韭菜盒尺寸相當大，一個人吃的話應該一半就夠了。

作法
①〜⑤請參照P148〜149的步驟，用保鮮膜封住裝著麵糰的大碗，醒麵20〜30分鐘。
⑥撒手粉在平台上，將醒麵完的麵糰分成兩半（A、B、C）
⑦用擀麵棍擀成直徑20cm左右的偏薄片狀（D）。
⑧將餡料擺在麵糰的上半部，然後對折麵糰（E、F、G）。
⑨用手指按壓麵糰邊緣，使其黏著在一起。對折前先在邊緣沾點水，可以使麵糰黏得更緊（H、I、J）。
⑩將沙拉油倒在預熱好的平底鍋，蓋上鍋蓋後煎至雙面都呈焦色（K）。
⑪途中倒一點水，藉著水蒸氣蒸熟內餡，水收乾後即大功告成（L）。

Tips 煎的途中加水可以讓餅皮更有彈性，水量約50〜80ml即可，覺得不夠時也可以再酌量增加。

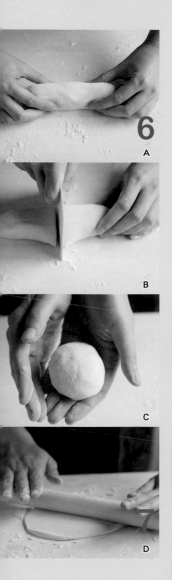

同餅皮的
同場加映！
豆腐捲請參照P159

鹹酥餅

和燒餅相同

材料（1顆份）
請參照P135。

作法
①用掌心壓扁麵糰，壓得稍微厚一點（A、B）。
②將拌有鹽的豬油抹在麵糰上，再撒上大量的蔥後包起來
　（C、D、E、F）。
③將包起時的收口朝下，再用掌心壓扁（G、H）。
④煎法與燒餅（P154）相同。

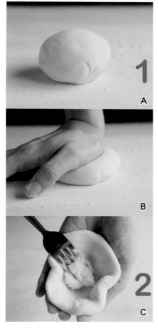

完成！

豆腐捲

和韭菜盒相同

材料（1個份）
請參照P102。

作法
①到壓扁麵糰時的步驟都與韭菜盒（P156）相同。
②將餡料擺在中央（A）。
③切掉餅皮靠近自己的那一端並捲起，捲完後切掉的這一端
要在上面（B、C、D、E）。
④切掉左右兩端突出的部分後捏緊開口。左右兩端不要留太
長，吃的時候才可以一咬就咬到餡料，比較好吃（F、G、
H）
⑤煎法與韭菜盒（P156）相同。

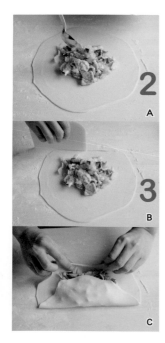

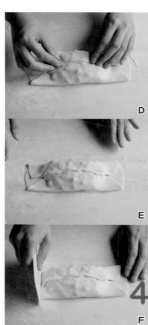

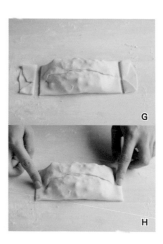

完成！

159

饅頭

調理範例……P
29

材料（偏小的3～4個份）

低筋麵粉 ── 100g

高筋麵粉 ── 100g

溫水 ── 120～130ml

酵母 ── 1/2小匙

砂糖 ── 1～2大匙

鹽 ── 少許

\小撇步/

有些偏甜的滋味，洋溢著台式的氣息，隔天想吃的話用微波爐復熱就可以囉！

作法

①～⑤請參照P148～149的步驟，但是步驟①要多加入鹽、砂糖與酵母後再拌勻。用保鮮膜封住放有麵糰的大碗後，醒麵15分鐘左右（A、B）。

⑥將手粉撒在平台上，用掌心輕輕按壓醒麵完成的麵糰（C、D）。

⑦用擀麵棍將麵糰擀成約5mm厚的麵皮（E、F、G）。

⑧從邊端將麵皮捲成棒狀（H、I）。

⑨切成個人喜好的尺寸（J、K）。

⑩在耐熱盤子上鋪上烘焙紙，擺上⑨後靜置30分鐘左右（L）。

⑪將具高耐熱性的容器（這裡使用的是飯碗）倒扣在大鍋子裡，倒入大量但是不要高過容器的水（M）。

⑫將擺有饅頭的盤子擱在⑪的容器上方，蓋上鍋蓋後以中火蒸15分鐘（N、O）。

Tips
・饅頭排得太靠近時，會在蒸的過程中黏在一起，所以請保有適度的間隔。

・鍋中的水蒸發完的話會變成空燒，請頻繁確認水量，不夠時就多加一點，以避免這種狀況發生！

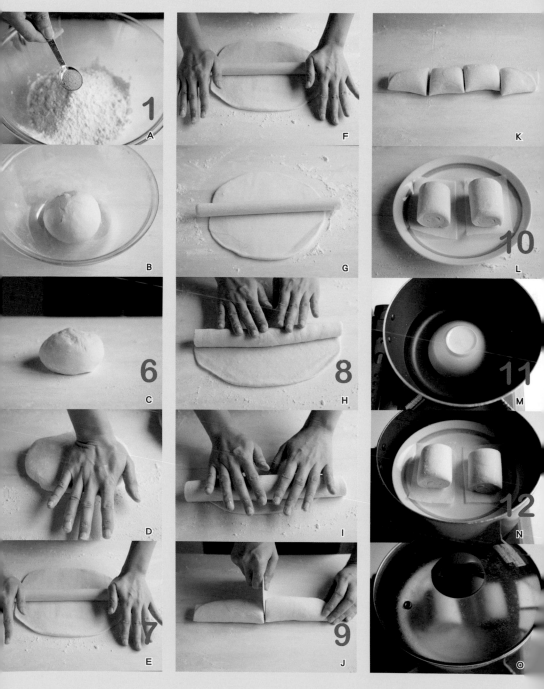

包子

調理範例……P96、97

材料（偏大的2個份）

低筋麵粉 — 50g

高筋麵粉 — 50g

溫水 — 60～70ml

酵母 — 1/2小匙

砂糖 — 少許

鹽 — 少許

＼小撇步／

因為包子會搭配餡料，所以麵皮不用像饅頭那麼甜，味道淡一點比較剛好。

作法

①～⑤請參照P148～149的步驟，但是步驟①要多加入鹽、砂糖與酵母後再拌勻。用保鮮膜封住放有麵糰的大碗後，醒麵1～1個半小時（A、B）。

⑥撒手粉在平台上，將醒麵完成的麵糰分成兩半（C、D、E）。

⑦用掌心輕壓麵糰後，再用擀麵棍擀成直徑12～15㎝的麵皮（F、G、H）。

⑧將餡料放到麵皮中央後包起。包的時候將麵皮邊緣往中間靠攏，能夠輕鬆塑造出包子的形狀（I、J、K）。

⑨在耐熱盤子上鋪上烘焙紙後，擺上⑧（L）。

⑩將具高耐熱性的容器（這裡使用的是飯碗）倒扣在大鍋子裡，倒入大量但是不要高過容器的水（M）。

⑪將擺有包子的盤子擱在⑪的容器上方，蓋上鍋蓋後以中火蒸15分鐘左右（N、O）。

 Tips ・每一顆包子使用的麵糰約50～60g，示範的份量做出了兩顆偏大的包子，實際上做成三顆的話，吃起來會比較剛好。

・鍋中水份蒸發完的話會變成空燒，請頻繁確認水量，不夠時就多加一點，以避免這種狀況發生！

\隱藏版
食譜 /

蔥油餅

材料（2～3片份）
低筋麵粉 — 50g
高筋麵粉 — 50g
溫水 — 60～70ml
青蔥 — 依個人喜好
鹽 — 依個人喜好
沙拉油 — 適量
水 — 適量

\ 小撇步 /
如果想要做出爽
脆口感的話，沙
拉油要少一點。

作法
①～⑤請參照P148～149的步驟，用保鮮膜封住放有麵糰的大碗
　　後，醒麵20～30分鐘。趁醒麵期間將蔥花與鹽拌在一起。
⑥撒手粉在平台上，放上醒麵完成的麵糰後用掌心輕輕壓扁
　　（A）。
⑦用擀麵棍擀成薄餅皮（B）。
⑧在擀好的薄餅皮表面均勻塗上一層沙拉油（C）。
⑨把以鹽調味的蔥花撒在整個餅皮表面（D）。
⑩從邊端將餅皮捲成棒狀（E）。
⑪將棒狀的麵糰切成兩半，並捏緊切口（F、G、H、I）。
⑫縱向拿起麵糰，以擰毛巾的方式扭轉麵糰（J、K）。
⑬用掌心壓扁扭轉過的麵糰（L）。
⑭將麵糰擺在平台上，用擀麵棍擀成薄麵皮（M、N）。
⑮將沙拉油倒進預熱過的平底鍋中並蓋上鍋蓋，煎至餅皮兩面均
　　出現焦色，途中倒點水藉水蒸氣蒸熟，等水完全收乾即大功告
　　成（O）。

Tips 蔥油餅可以取代麵包或白飯當成主食，也可以當成點心食用。

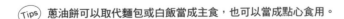

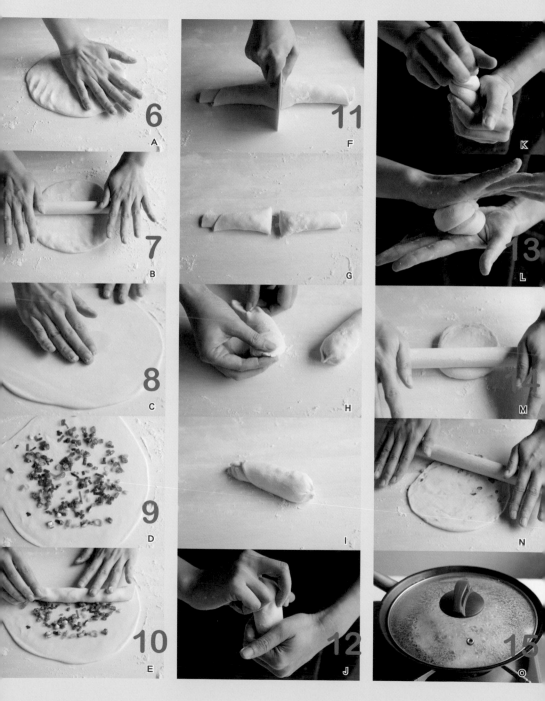

買不到就自己做！
調味料食譜大挑戰

充滿台灣味的調味料，是在台式早餐背後默默出力的重要功臣。正因有這些調味料的存在，才能夠形成如此獨特的風味—如此這般形容這些調味料的重要程度也絲毫不言過其實，但是，這些調味料在日本很難買得到，既然如此就自己動手做吧！接下來介紹的作法就是我經過無數次挑戰後所獲得的心得報告。

以芥菜製成的醃菜，可以與其它料理一起拌炒，或是當成包子的內餡。

挑戰
1

雪裡紅

材料
青江菜 — 2～3株
鹽 — 適量

作法
① 用清水將青江菜清洗乾淨後，擦乾青江菜上的水氣。
② 撒上大量鹽後用力搓揉青江菜，直到葉片變軟且顏色變深為止。
③ 將揉過鹽的青江菜裝進容器或塑膠袋中，醃漬一晚即大功告成。

Tips
· 台灣的雪裡紅是以芥菜醃漬而成，但是也可以用青江菜、油菜與水菜等蔬菜代替。
· 要搭配其它食材一起料理之前，應先沖掉鹽分並擰乾後再使用。

＼ 挑戰 ／
2

醬油膏

濃稠甘甜的台式醬油，
很適合沾煎蛋或蛋餅。

材料

醬油 ― 30ml

水 ― 50ml

砂糖 ― 1〜2小匙

太白粉 ― 1〜2小匙

作法

①取少許水融化太白粉。

②將醬油、剩下的水與砂糖倒入鍋中以小火開始煮。

③砂糖融化後倒入①的太白粉水，煮至產生黏稠感即大功告成。

 ·升溫的速度很快，要注意別煮到焦掉。

　　　　·有些人會用可樂、冰糖製作。

＼ 挑戰 ／
3

美乃滋

台式美乃滋的特徵是明顯的甜味，
經常用來代替奶油塗在三明治中。

材料

日式美乃滋 ― 1大匙

液態糖球 ― 1/2〜1顆

作法

①將日式美乃滋與液態糖球混在一起拌勻即大功告成。

Tips ·日式美乃滋請挑選低熱量款，滋味比較輕盈。一般款的日式美乃
　　　　滋味道過重，會蓋過甜味。

　　　　·也可以用雞蛋、醋、油、檸檬汁與砂糖，從頭開始製作美乃滋。

　　　　·液態糖球的用量可以依個人喜好調整。

挑戰 4

肉鬆

在日本稱為「豬肉田麩」，兼具酥脆與柔軟兩種口感，同時凝聚了肉的鮮美與甘甜，是種相當美味的台灣食材，可惜要帶回日本的話必須先通過動物檢疫這一關，有些麻煩。「如果可以自製就好了⋯⋯」因此我便決定挑戰肉鬆的製作，順道一提，台語中的肉鬆稱為「BA-A-SO」。

材料

A ————————

豬肉（油花較少且具一定厚度）— 140g
薑片 — 2～3片
料理酒 — 50ml
水 — 能夠剛好蓋過鍋中豬肉的份量

醬油 — 2小匙～1大匙
砂糖 — 1～2大匙
沙拉油 — 1～2小匙
白芝麻 — 依個人喜好

作法

①將豬肉切成1～2cm見方的塊狀。
②將A倒入鍋中煮沸後濾掉肉渣，接著以小火熬煮約1個小時。
③取出豬肉後瀝乾水氣（A）。
④將肉放進密封袋，再用擀麵棍將豬肉擀平（B、C、D、E）。
⑤將壓扁的豬肉放進大碗中，用兩隻叉子拆解豬肉（F、G、H、I）。
⑥將沙拉油倒進平底鍋中，再把拆成絲的豬肉倒進去拌炒10～15分鐘，途中要注意別燒焦了（J）。
⑦快炒好的時候添加醬油與砂糖調味，最後倒入白芝麻即大功告成。

 Tips
　・直接購買專供咖哩使用的豬肉塊，就能夠省下切肉這道手續，相當方便。
　・肉的碎度與調味依個人喜好決定，基本上是甜一點會比較好吃。
　・用手撕碎豬肉可以打造出市售品般的鬆軟口感，雖然這道程序很麻煩，但是自製時這種撕得不夠細碎的口感，也別有一番滋味。細細咀嚼肉鬆，會有肉的鮮味慢慢溢出，真的是很棒的配飯好夥伴。
　・煮肉時留下的湯汁會有薑味，當成湯品飲用也很美味。

3

A

B

4

C

D

E

5

F

G

H

I

J

完成！

必買！

一定要買的7款台式調味料

接下來要介紹的調味料，都能夠運用在各式各樣的料理裡，但是在日本很難買到。這裡介紹的調味料全部都是在台北的超市購得的。

瓜類醃漬物，使用的瓜類依品牌而異，照片中這罐使用的是小黃瓜（在花卉還盛開的季節就摘下的嫩黃瓜），以醬油與砂糖調出甘甜濃醇的滋味。不管是配飯、當成調味料或是下酒都很棒。
＊料理運用 P16

瓜仔

蝦皮

蝦米。台灣的蝦米有蝦皮、蝦仁等豐富的種類，蝦皮是煮過蝦肉後乾燥製成的，味道偏鹹且外觀偏白，適合和高麗菜或大白菜等蔬菜或麵條一起炒。
＊料理運用 P77

紅糟

用紅麴、水、米、鹽、砂糖混合後發酵而成，鮮豔的紅色是天然形成的狀態。一般用法與鹽麴一樣揉進肉裡即可，會用來製作紅燒肉。紅糟除了可以為食物增色外，還可以提升鮮味與香氣，但是可以買到的地方較少。
＊料理運用 P51

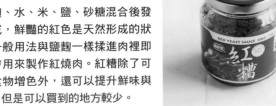

用紅蔥頭油炸而成，在滷肉飯等台灣料理中扮演重要角色，是台灣常見的食材，適用於一般料理與湯品，還可以為麵食帶來畫龍點睛的效果。比較講究的店家都會親手製作。
＊料理運用 P142

油蔥酥

木薯粉

木薯的澱粉，雖然呈粉末狀，但是仔細看會看見一顆顆明顯的顆粒狀，用來當成油炸物的麵衣時口感相當酥脆，有時會拿來炸紅燒肉，同時也是粉圓的原料。效果相同的商品有「地瓜粉（番薯粉）」。
＊料理運用 P50、51

用黑胡椒製成的醬料，吃起來就像烤肉醬，但是黑胡椒的味道非常強烈，在台灣相當普遍，會拿來炒麵或是當牛排沾醬，常見於夜市牛排。也可以用來炒肉或蔬菜。
＊料理運用 P57

黑胡椒醬

美乃滋

台式美乃滋有添加砂糖，比較甜。代替奶油塗在三明治裡、淋在嫩筍當成沙拉食用等，也都是台灣特有的吃法。市面上售有小包裝的美乃滋，很適合當成伴手禮。
＊料理運用 P36、56、62、68、128

能夠盡情享受早餐的
住宿推薦

難得來台灣旅行一趟，
試著以「能夠盡情享受台式早餐」
這個條件挑選飯店也不錯。

> 投宿「附廚房的青年旅館」，
> 盡情享用當地食材！

　　我周遊台灣各大早餐店時，經常會好奇食材的原貌，每當我開口詢問店家後，得到的答案都是台灣特有的食材。如果是調味料或醃漬物的話直接買回日本就行，但是肉與蔬菜卻不能這麼做。此外逛市場的時候，也很容易發現從未見過的蔬果。就連薯類與瓜類的品種都與日本不同，嚐起來的滋味也大不相同。

　　如果飯店裡附有廚房的話，我就可以買回來嚐嚐味道了。「那間店的食材嚐起來是什麼滋味呢……」唯有附設廚房的住宿設施，才能夠進一步享受豐富的台灣食材的樂趣，此外在店裡吃不完的料理，也可以打包回飯店，隔天再用微波爐復熱就不怕浪費了。設有廚房的飯店，優點簡直說不完。

Star Hostel Taipei East　合星青年旅館

　　離捷運忠孝敦化站只有徒步1分鐘的距離！旅館所在的東區有許多時髦的店家與咖啡廳，同時又保有些許古早台灣的面貌，從市內觀光到夜生活體驗都很方便，是能夠讓人玩上一整天的方便地段。旅館風格屬於休閒簡約，設有廚房的大廳俐落感恰如其分，待起來很舒服。這裡嚴禁穿鞋入內，所以館內很乾淨，且有毛巾租賃等服務、設有洗衣機，非常方便。

左上起 以藏藍色為基調的大廳沉穩俐落。／麻雀雖小，五臟俱全的廚房。
中左起 簡約有型的客房。／大廳的窗邊位置也很舒服。／旅館外觀。
下左起 衛浴空間也很乾淨。／我很喜歡提供洗衣機這個服務！／祕密基地般的入口，讓人期待感大增！

\ Info /
🏠 台北市大安區忠孝東路四段147巷5號3樓
📞（02）2721-8225
🌐 www.starhosteleast.com
🗺 P184 A

Star Hostel Taipei Main Station 信星旅館

　　鄰近台北火車站，徒步即可抵達市場、早餐店等適合體驗在地生活的地方，例如P10介紹的「清粥小菜」只要徒步12分鐘就到了，其它像是寧夏夜市、迪化街都在徒步就到得了的地方，地段相當便利。這裡離捷運桃園機場線台北站也很近，對於要搭飛機的旅客來說也很方便。

＼ Info ／
🏠 台北市大同區華陰街
　 50號4樓
📞（02）2556-2015
🌐 www.starhostel.com.
　 tw
MAP P185 B

Apartment 10F 公寓十樓

離台北火車站很近，交通、生活、觀光都很方便，還有居家般舒適氛圍的青年旅館。設有宿舍房等豐富的房型，可以依觀光型態選擇。

＼ Info ／
🏠 台北市大同區重慶北路一段1號10樓之1（名城大廈）
📞（02）2559-7605
Ⓦ apt10f.com
MAP P185 B

SHAREHOUSE132

距離捷運中山站很近，就在新光三越百貨公司的後方，方便得不得了。這裡是適合長期居住的分租套房，詳情請洽官方網站。

＼ Info ／
🏠 台北市中山區中山北路一段132號2樓
📞（02）2567-2106
Ⓦ sharehouse132.weebly.com
MAP P185 B

B

大同國小

大橋頭站 **2**

晴光市場

★ 阿香三明治 (P58)

中山國小

喜多士豆漿店 (P72) ★

行天宮

民權西路 **9**

民權西路站 **8**

中山國小站 **1**

永樂 國民小

太平國民小

葉家肉粥 (P46)

★ 林華泰茶行 (P70)

涼州街

大稻埕慈聖宮 天上聖母

承德路二段

馬偕紀念 醫院

中山北路二段

永盛 公園

林森 公園

新生北路二段

吉林路

4

行天宮站

延平北路 二段

重慶北路 二段

大稻埕 公園

民生西路

雙連站 **1**

何家油飯 (P38)

中安公園

可蜜達Comida炭烤吐司 (P124)

MRT中和新蘆線

永樂市場

建成 公園

南京西路

中山站 **3**

可米元氣漢堡 (P52)

康樂 公園

林森 公園

南京東路二段

松江南京站

清粥小菜 (P10)

Star Hostel Taipei Main Station (P182)

華陰街

長安西路

MRT松山新店線

★SHAREHOUSE132 (P183)

北門站

3 **2**

市民大路

台北車站

台北車站

M2

逸仙公園

華山公園

★ 烤司院 (P32)

MRT板南線 Apartment 10F (P183)

台北車站

0 300m

C

中正路

★ 豐盛號 (P64)

MRT淡水信義線

士林站 **1**

中正北路五段

100m

D

重慶豆漿 (P116)

延平北路四段

重慶北路三段

酒泉街

淡水信義線

MRT

圓山站 **1**

津津豆漿店 (P78)

★

民族西路

200m

E

屏東任家涼麵 (P18)

三民 公園

富錦街

民生東路五段

延壽路

基隆河

三民路

健康路

南京 三民站

松山新店線 **4**

MRT

100m

F

西門站

中華路 一段

3

2

松山新店線 MRT

博愛路

MRT板南線

貴陽街一段

樺林乾麵 (P84)

愛國西路

100m

G

中正紀念堂

淡水信義線 MRT

2

東門站

羅媽媽米粉湯 (P138)

中正紀念堂站

愛國東路

新鮮豆漿店 (P24)

MRT中和新蘆線

金華街

金山南路

潮州街

松山新店線 MRT

6

和平東路一段

和平西路一段

古亭站

200m

H

和平東路二段

MRT文湖線

和記豆漿店 (P130)

麟光站 **2**

50m

依類別排列的食譜索引

米飯類

清粥
P14

地瓜粥
P42

肉粥
P50

飯糰
P121

麵餅類

燒餅夾蔬果
P28

饅頭夾蛋
P29

蛋餅
P76

炸蛋餅
P82、120

雪裡紅素包
P96

高麗菜素包
P97

豆腐捲
P102

韭菜盒
P103

燒餅夾蛋
P134

鹹酥餅
P135

油條
P152

蔥油餅
P164

麵包類

失控起士肉蛋
P36

花生醬肉蛋
P36

鮪魚漢堡
P56

火腿蛋吐司
P62

肉鬆蛋吐司
P62

肉鬆煉乳蛋
P68

土豆粉
P69

法式吐司
P83

法乳火
P108

奶油煉乳吐司
P114

燒麻糬熱壓吐司
P115

可可起士豬肉荷
包蛋吐司 P128

白起士法式吐司
P129

麵食類

涼麵
P22

鐵板麵
P57

乾麵
P88

米粉湯
P142

配菜類

蒥炒吻仔魚
P14

瓜仔內
P16

燉煮豆皮
P17

滷蘿蔔
P43

紅蘿蔔炒蛋
P44

紅燒肉
P51

干絲
P90

湯品類

鹹豆漿
P30、77、122

蛋包湯
P90

187

幸福
文化

食旅
—
002

愛 上 台 式 早 餐
台灣控的美味早餐店特輯×日本人重現經典早餐食譜

作　　者　超喜歡台灣 編輯部
譯　　者　黃筱涵
責任編輯　J.J.CHIEN
封面設計　季曉彤
內文排版　太陽臉
印　　務　黃禮賢、李孟儒

出版總監　黃文慧
副 總 編　梁淑玲、林麗文
主　　編　蕭歆儀、黃佳燕、賴秉薇
行銷企劃　陳詩婷、林彥伶

社　　長　郭重興
發行人兼出版總監　曾大福
出　　版　幸福文化出版
地　　址　231 新北市新店區民權路 108-1 號 8 樓
粉 絲 團　https://www.facebook.com/happinessbookrep/
電　　話　（02）2218-1417
傳　　真　（02）2218-8057
發　　行　遠足文化事業股份有限公司
地　　址　231 新北市新店區民權路 108-2 號 9 樓
電　　話　（02）2218-1417
傳　　真　（02）2218-1142
電　　郵　ervice@bookrep.com.tw
郵撥帳號　19504465
客服電話　0800-221-029
網　　址　www.bookrep.com.tw
法律顧問　華洋法律事務所 蘇文生律師
印　　刷　通南彩色印刷有限公司
電　　話　（02）2221-3532

初版一刷　西元 2019 年 4 月
定　　價　380 元
Ｉ Ｓ Ｂ Ｎ　978-957-8683-41-9

感謝台灣的朋友、
幫我們的大家、
還有真心感謝百忙之中
接受採訪的所有店面的各位。
感謝不盡！

撮影 ★ 野村正治
編集 ★ 十川雅子
Coordinate ★ 細木仁美
裝幀、設計 ★ 三上祥子（Vaa）
地圖制作 ★ 齋藤直己、清水知雄
　　　　　（マップデザイン研究室）
校對 ★ 中野博子
協力 ★ Star Hostel、台北ナビ

國家圖書館出版品預行編目(CIP)資料

愛上台式早餐：台灣控的美味早餐店特輯x日本人
重現經典早餐食譜 / 超喜歡台灣編輯部著;
黃筱涵譯. --初版. --新北市:
幸福文化出版:
遠足文化發行, 2019.04
面;　公分. --(食旅; 2)
ISBN 978-957-8683-41-9(平裝)

1.餐飲業 2.食譜

483.8　　　　　108003874

TAIWAN NO ASAGOHAN GA KOISHIKUTE
Copyright ©Seibundo Shinkosha Publishing Co., Ltd. 2018
All rights reserved.
Originally published in Japan in 2018 by Seibundo Shinkosha Publishing Co., Ltd.，Traditional
Chinese translation rights arranged with Seibundo Shinkosha Publishing Co., Ltd.，through Keio
Cultural Enterprise Co., Ltd.

23141

新北市新店區民權路 108-2 號 9 樓

遠足文化事業股份有限公司　收

幸福
文化

書名｜**愛上台式早餐**　　書號｜**食旅002**

讀者回函卡

感謝您購買本公司出版的書籍，您的建議就是幸福文化前進的原動力。請撥冗填寫此卡，我們將不定期提供您最新的出版訊息與優惠活動。您的支持與鼓勵，將使我們更加努力製作出更好的作品。

讀者資料

● 姓名：＿＿＿＿＿　● 性別：□男　□女　● 出生年月日：民國　　年　　月　　日

● E-mail：＿＿＿＿＿＿＿＿＿＿＿＿＿＿＿＿＿＿＿＿＿＿＿＿＿＿＿

● 地址：□□□□□＿＿＿＿＿＿＿＿＿＿＿＿＿＿＿＿＿＿＿＿＿＿

● 電話：＿＿＿＿＿＿＿　手機：＿＿＿＿＿＿＿　傳真：＿＿＿＿＿＿＿

● 職業：□學生　　　　□生產、製造　　□金融、商業　　□傳播、廣告
　　　　□軍人、公務　□教育、文化　　□旅遊、運輸　　□醫療、保健
　　　　□仲介、服務　□自由、家管　　□其他

購書資料

1. 您如何購買本書？□一般書店（　　縣市　　　書店）
   □網路書店（　　書店）　□量販店　□郵購　□其他

2. 您從何處知道本書？□一般書店　□網路書店（　　書店）　□量販店　□報紙
   □廣播　□電視　□朋友推薦　□其他

3. 您購買本書的原因？□喜歡作者　□對內容感興趣　□工作需要　□其他

4. 您對本書的評價：（請填代號1. 非常滿意　2. 滿意　3. 尚可　4. 待改進）
   □定價　□內容　□版面編排　□印刷　□整體評價

5. 您的閱讀習慣：□生活風格　□休閒旅遊　□健康醫療　□美容造型　□兩性
   □文史哲　□藝術　□百科　□圖鑑　□其他

6. 您是否願意加入幸福文化 Facebook：□是　□否

7. 您最喜歡作者在本書中的哪一個單元：＿＿＿＿＿＿＿＿＿＿＿＿＿＿＿＿

8. 您對本書或本公司的建議：＿＿＿＿＿＿＿＿＿＿＿＿＿＿＿＿＿＿＿＿

＿＿＿＿＿＿＿＿＿＿＿＿＿＿＿＿＿＿＿＿＿＿＿＿＿＿＿＿＿＿＿＿＿＿

＿＿＿＿＿＿＿＿＿＿＿＿＿＿＿＿＿＿＿＿＿＿＿＿＿＿＿＿＿＿＿＿＿＿

＿＿＿＿＿＿＿＿＿＿＿＿＿＿＿＿＿＿＿＿＿＿＿＿＿＿＿＿＿＿＿＿＿＿

＿＿＿＿＿＿＿＿＿＿＿＿＿＿＿＿＿＿＿＿＿＿＿＿＿＿＿＿＿＿＿＿＿＿

＿＿＿＿＿＿＿＿＿＿＿＿＿＿＿＿＿＿＿＿＿＿＿＿＿＿＿＿＿＿＿＿＿＿

＿＿＿＿＿＿＿＿＿＿＿＿＿＿＿＿＿＿＿＿＿＿＿＿＿＿＿＿＿＿＿＿＿＿